大数据丛书

文 本 挖 掘

［美］迈克尔·W. 贝瑞（Michael W. Berry）
雅克布·柯岗（Jacob Kogan）　　编

文卫东　译

机械工业出版社

本书呈现了文本挖掘领域先进的算法,同时从学术界和产业界的角度介绍了文本挖掘。本书涉及的业界学者跨越多个国家,来自多个机构:大学、企业和政府实验室。本书介绍了文本挖掘在多个领域中的自动文本分析和挖掘计算模型,这些领域包括:机器学习、知识发现、自然语言处理和信息检索等。

本书适合作为人工智能、机器学习和自然语言处理等领域相关人员的教科书和参考书。同时,也适合研究人员和从业人员阅读。

图书在版编目(CIP)数据

文本挖掘/(美)迈克尔·W. 贝瑞(Michael W. Berry),(美)雅克布·柯岗(Jacob Kogan)编;文卫东译. —北京:机械工业出版社,2017.5
(大数据丛书)
书名原文:Text Mining: Applications and Theory
ISBN 978-7-111-57050-9

Ⅰ.①文… Ⅱ.①迈… ②雅… ③文… Ⅲ.①数据采集–研究 Ⅳ.①TP274

中国版本图书馆 CIP 数据核字(2017)第 130385 号

机械工业出版社(北京市百万庄大街22号 邮政编码100037)
策划编辑:韩效杰 责任编辑:韩效杰 陈崇昱
责任校对:佟瑞鑫 封面设计:路恩中
责任印制:孙 炜
保定市中画美凯印刷有限公司印刷
2019 年 1 月第 1 版第 1 次印刷
169mm×239mm·11.25 印张·222 千字
标准书号:ISBN 978-7-111-57050-9
定价:49.00 元

凡购本书,如有缺页、倒页、脱页,由本社发行部调换
电话服务   网络服务
服务咨询热线:010- 88361066   机 工 官 网:www.cmpbook.com
读者购书热线:010- 68326294   机 工 官 博:weibo.com/cmp1952
             010- 88379203   金 书 网:www.golden-book.com
封面无防伪标均为盗版   教育服务网:www.cmpedu.com

译 者 序

随着网络时代的到来，用户可获得的信息包含了从技术资料、商业信息到新闻报道、娱乐资讯等多种类别和形式的文档，这样便构成了一个异常庞大的，具有异构性和开放性等特点的分布式数据库，而这个数据库中存放的一般都是非结构化的文本数据。如何处理文本数据并挖掘数据中所隐含的意义，对政府的政策指导，对企业的精准营销，以及对机构的风险防范等都具有很高的价值。因此，目前社会各界对于文本挖掘的需求非常强烈，文本挖掘技术的应用前景广阔。

文本挖掘就是抽取有效、新颖、有用、可理解、散布在文本文件中的有价值知识，并且利用这些知识更好地组织信息的过程。1998 年年底，国家重点研究发展规划首批实施项目中曾明确指出，文本挖掘是"图像、语言、自然语言理解与知识挖掘"中的重要内容。

文本挖掘利用智能算法，如神经网络、基于案例的推理、可能性推理等，并结合文字处理技术，分析大量的非结构化文本源（如文档、电子表格、客户电子邮件、问题查询、网页等），抽取或标记关键字概念、文字间的关系，并按照内容对文档进行分类，获取有用的知识和信息。

本书的编者从产业界与学术界的角度总揽并分析了文本挖掘的最先进算法和模型，分别从关键词提取、分类与聚类、突发事件与趋势预测、文本流处理四个方面深入浅出地总结和分析了其所研究的问题及解决办法，值得一读。

译者长期从事文本挖掘研究与应用，此书也是译者所在课题组学习与参考的重要书籍之一。了解文本挖掘的内容，掌握文本挖掘的方法，以及灵活运用，这些都是文本挖掘领域研究者和应用者的迫切需求，本书既可作为教科书，也可作为参考书。为了向国内读者及时提供高质量的译本，我们课题组人员利用工作之余翻译了此书。在翻译过程中，我们不放过任何一个疑点，尽可能地使用国内通用的专业术语来表述，尽管如此，仍有可能存在一些遗漏的问题和错误，恳请读者在阅读过程中发现问题后不吝指教。

最后要感谢课题组陈振、薛冰在翻译过程中所做的工作，感谢机械工业出版社编辑团队以及其他同仁的帮助。

文卫东

原 书 序

　　随着数字计算设备的普及和它在通信中的应用，人们对挖掘文本数据的系统和算法的需求与日俱增。因此，非结构化、半结构化与完全结构化文本数据挖掘技术的发展对于学术界和产业界来说都相当重要。2009 年 5 月 2 日，为期一天的文本挖掘专题研讨会与 SIAM 第九届数据挖掘国际学术会议一起举行，会议汇集了来自不同学科的研究人员，他们提出了目前在文本挖掘研究与应用中的方法和结果。会议研讨了文本挖掘的新兴领域、机器学习与自然语言处理相结合的技术上的应用、信息提取、信息检索的代数或数学方法等方向。从新的文档分类和聚类模型到主题检测、跟踪和可视化的新方法的发展，在这一领域的许多问题正在解决之中。

　　来自六个不同国家的、共计超过 40 位应用数学家和计算机科学家分别代表大学、企业和政府实验室参会。会议通过特邀报告以及会议论文报告这两种形式，讨论了使用机器学习、知识发现、自然语言处理和信息检索设计计算模型进行自动文本分析和挖掘等技术的应用。会议所提交的大多数特邀论文和投稿论文都已被编进本书。总的来说，这些论文的内容跨越了几个主要的文本挖掘方向上的主题领域：

1. 关键词提取；
2. 分类与聚类；
3. 突发事件与趋势预测；
4. 文本流处理。

　　本书介绍了目前从产业界与学术界的角度进行文本挖掘的最先进的算法，书中的每一章都是独立的，并含有一系列的参考文献。读者在阅读本书的一些章节之前需要熟悉一些基本的本科数学知识。本书既可供本领域的初学者学习，也可供研究文本挖掘领域的专家参考。

　　类似研究者所写的文字和读者所使用的文字的内在差异，持续推动了有效的搜索和检索算法与软件在文本挖掘领域的发展。本书展示了人们是如何利用应用数学、计算机科学、机器学习和自然语言处理等领域的最新进展来获取、分类并翻译文本及其上下文的。

迈克尔 W. 贝瑞　雅克布·柯岗
分别于田纳西州的诺克斯维尔和马里兰州的巴尔的摩

目　　录

IX

第 1 章　独立文档的关键词的自动提取

Stuart Rose，Dave Engel，Nick Cramer 和 Wendy Cowley

1.1　简介

关键词，可简洁代表一个文档的内容，理想的关键词是对一篇文章基本内容的浓缩。由于关键词很容易被定义、校正、记忆和共享，所以它们被广泛应用于信息检索（Information Retrieval，IR）系统中的查询。与数学符号相比，关键词独立于任意语料库，它可以被应用在多语料库和信息检索系统中。

关键词也可以用于改善信息检索系统的功能。Jones 和 Paynter（2002）发表了 Phrasier 的相关文献，Phrasier 是一个可以把与主文档关键词相关联的文档罗列出来的系统，其中有将关键字锚点作为文档之间的超链接提供给用户的功能，该功能使得用户能够快速访问相关文档。Gutwin 等人（1999）则将 Keyphind 描述成把从文档中提取出的关键词作为 IR 的基本框架的系统。关键词也可以用来丰富检索结果。Hulth（2004）描述 Keegle 是一个可以动态提取关键词的系统，它主要是为谷歌检索页面进行关键词提取。Andrade 和 Valencia（1998）提出了一个系统，它可以自动地从与已知蛋白质相关的科学文档中提取出关键词来标记蛋白质的功能。

1.1.1　关键词提取方法

尽管关键词对于分析、索引和检索都很有帮助，但大部分的文档却都没有指定关键词。现有的关键词提取方法大都集中于专业人员的手动提取，而这些专业人员很有可能只使用固定的分类方法，或者根据作者的意图来提供典型的关键词列表。因此，目前的研究主要集中在从文档中自动提取关键词的方法上，这种方法为专业的检索工具给出了建议的关键词，或者为不可直接获取的文档产生特征摘要。

一些早期的自动提取关键词的方法主要集中于面向语料库的单个词语的统计分析的评估。Jones（1972）和 Salton 等人（1975）把词汇搜索中出现的正确结果描述为跨语料库的可统计识别的单词。后来的许多关键词提取研究都使用了这种度量方法从而在文档中选择可识别的关键词。比如，Andrade 和 Valencia（1998）提出的方法就是基于目标文档中词频的分布与参考语料库中相应分布的比较来提取可识别的关键词的。

虽然有很多关键词可以通过统计学的方法提取出来，但是仍然有很多关键词由于在文档中出现的次数过少而不能被提取出来。在语料库中的很多文档中都出现的关键词有时候是不能被统计识别出来的。面向语料库的方法是典型的只对单个词语进行操作的方法，而且单个的词语经常会被应用在不同主题的文档中，这就进一步局限了统计可识别的词语。

为了避免这些问题，我们把注意力集中在独立文档的关键词提取方法上。这种面向文档的方法可以从任意语料库的文档中把关键词提取出来。面向文档的方法也就因此拥有了与语境无关的特点，从而可以使用一些描述文本流随时间发生变化的分析方法，如 Engel 等人（2009）、Whitney 等人（2009）发表的分析方法。这些面向文档的方法适合于变动的语料库，比如说随着时间变化的摘要集合或者是新闻文章流。另外，这些方法是在单一文档中进行操作的，因此它们可以被很容易地扩展到大量文档中，而且还可以应用于许多不同的场景以增强 IR 系统和分析工具的功能。

在面向文档的关键词处理方法方面，早先的工作主要是利用自然语言处理的方法来识别词性标签（part-of-speech tags，POS tags），该方法结合了监督学习、机器学习算法和统计方法。

Hulth（2003）使用监督机器学习的算法并且选择了四种可识别的特性作为自动提取关键词方法的输入，并且还比较了 noun-phrase（NP）chunks，n-grams，以及 POS tags 这三种选择方法的功效。

Mihalcea 和 Tarau（2004）描述了一个应用一系列的句法过滤器来确认词性标签（这些标签可以用来选择词语作为关键词）的系统。在一个固定大小的滑动窗口中，这些被选中词的共同出现频率将在词共现图中体现出来。一个基于图的算法 TextRank 被用来进行词排列，词排列是基于词在词共现图中的关联程度，排在前面的词就被选为关键词。在文档中邻接出现的词语结合起来组成多词语的关键词组。Mihalcea 和 Tarau（2004）的报告称 TextRank 算法在只有名词和形容词被选为潜在关键词的时候其效果才是最好的。

Matsuo 和 Ishizuka（2004）用卡方测度来计算在同一句子内的词和短语共同出现的次数，并利用此测量结果选择出文档中的高频词汇。卡方测度用来纠正文档中词共现的某些偏差，为之后用词或短语的排列来选取关键词打下基础。Matsuo 和 Ishizuka（2004）指出，在词频非常小的情况下计算出的偏差其实并不可靠。作者提出了一个用于完整文档的评估方法，并在一个 27 页的文档上进行了实验，结果显示他们的方法对于规模较大的文档效果是比较好的。

在下面的部分中，我们将会重点介绍快速自动关键词提取（Rapid Automatic Keyword Extraction，RAKE）。这种方法可以在无监督的情况下，不限制研究领域和使用语言地为独立文档提取关键词。我们在这里提供了其算法的详细内容和参数结构，并且展示了在标准数据库中实验的结果。结果显示，相对于 TextRank，RAKE 表现出了更高的准确率和相差不多的召回率。然后我们描述了一种生成停用词列表的新方法，并且结合 RAKE 来解决特定领域和语料库的问题。最后，我们把 RAKE 应用在新闻消息上，并定义相关矩阵来对关键词提取进行排他性、必要性和普遍性的评估，使得这个系统在没有人工注释的情况下可以识别出必要且普遍的关键词。

1. 2　快速自动关键词提取

在 RAKE 的发展过程中，我们的目的曾经是找到一种关键词提取方法：它是对某个独立文档的操作，而且可以被应用到动态集合；它可以方便地应用于新的领域并且在不同类型的文档中均有较好的表现，特别是对那些不遵从特定语法规则的文章。图 1.1 包含了文章的标题和正文，以及人工提取出的关键词。

Compatibility of systems of linear constraints over the set of natural numbers

Criteria of compatibility of a system of linear Diophantine equations, strict inequations, and nonstrict inequations are considered. Upper bounds for components of a minimal set of solutions and algorithms of construction of minimal generating sets of solutions for all types of systems are given. These criteria and the corresponding algorithms for constructing a minimal supporting set of solutions can be used in solving all the considered types of systems and systems of mixed types.

人工标记的关键词：
linear constraints, set of natural numbers, linear Diophantine equations, strict inequations, nonstrict inequations, upper bounds, minimal generating sets

---

图 1. 1　测试集中的样本文摘和人工提取的关键词

RAKE 是基于对不包含标点或者停用词的关键词词频的观察结果，比如说功能词语 and、the 和 of，或者其他不包含重要意义的词语。观察图 1.1 中人工对文摘提取的关键词，这里只有一个关键词包含一个停用词（set of natural numbers 中的 of）。停用词在信息检索指标中是要被去除的词汇，而且它们被认为不含有足够的信息因而不会被纳入不同文本的分析中去。原因是这些词语太过频繁的出现和太过广泛的应用会使其对用户的分析和查询毫无帮助。在一个文档中，富含意义的词汇描述了该文档的内容框架，它们通常被视为内容的关键词。

RAKE 的输入参数包含一系列的停用词、短语分隔符和词分隔符。RAKE 使用停用词和短语分隔符把文档分成一系列的候选关键词。这些候选关键词中的共现词是有意义的，它可以避免我们应用任意大小的滑动窗口去识别共现词。词之间的联系就可以通过一种根据文本的风格和内容自适应的方式来进行度量。词共现的、自适应的和细颗粒度的度量将被用于对候选关键词的评分上。

1. 2. 1　候选关键词

RAKE 是从把文章分成一些候选关键词集合开始的：首先，文档被指定的词分隔符分成一系列的词集；然后这些词集会被短语分隔符和停用词分成一系列连续的词。位于一个序列上的词将会被标记在文章中的相同位置，而且会被一同标记成为候选关键词。

图 1.2 中的候选关键词是从图 1.1 中的样本文摘中分析出来的。关键词 linear Diophantine equations 是从停用词 of 开始到逗号结束。紧接着的词 strict 则是下一个

候选关键词 strict inequations 的开始。

Compatibility – systems – linear constraints – set – natural numbers – Criteria – compatibility – system – linear Diophantine equations – strict inequations – nonstrict inequations – Upper bounds – components – minimal set – solutions – algorithms – minimal generating sets – solutions – systems – criteria – corresponding algorithms – constructing – minimal supporting set – solving – systems – systems

图 1.2　从样本文摘中提取出的候选关键词

1.2.2　关键词得分

在每一个关键词被确定以后，词共现图就完成了（见图 1.3）。每一个候选词都要被计算得分，它的得分是其每个词项的得分的和。我们基于很多度量方法来计算词项的得分，包括：（1）词频 freq（w）；（2）词度 deg（w）；（3）词度与词频的比 deg（w）/freq（w）。

	algorithms	bounds	compatibility	components	constraints	constructing	corresponding	criteria	diophantine	equations	generating	inequations	linear	minimal	natural	nonstrict	numbers	set	sets	solving	strict	supporting	system	systems	upper
algorithms	2						1																		
bounds		1																							1
compatibility			2																						
components				1																					
constraints					1								1												
constructing						1																			
corresponding	1						1																		
criteria								2																	
diophantine									1	1			1												
equations									1	1															
generating											1			1				1							
inequations												2				1					1				
linear					1				1	1			2												
minimal											1			3				2	1			1			
natural															1		1								
nonstrict												1				1									
numbers															1		1								
set											2							3		1					
sets														1				1	1						
solving																				1					
strict												1									1				
supporting														1				1				1			
system																							1		
systems																								4	
upper		1																							1

图 1.3　样本文摘中的词共现图

图 1.4 中展示了样本文摘的每一个实词的得分。从图中可以看出：deg（w）比较青睐于频繁出现的词或者是在较长的候选关键词中出现的词；deg（minimal）的得分要比 deg（systems）的得分高；高词频的 freq（w）不受其共现词的影响；freq（systems）要比 freq（minimal）的得分高；出现在长候选关键词中的词的 deg（w）/freq（w）都比较高；deg（diophantine）/freq（diophantine）比

deg（linear）/freq（linear）高。每一个候选关键词的得分是通过其成员词项的得分相加而得到的。图 1.5 列出了样本文摘中每一个候选关键词的 deg（w）/freq（w）。

	algorithms	bounds	compatibility	components	constraints	constructing	corresponding	criteria	diophantine	equations	generating	inequations	linear	minimal	natural	nonstrict	numbers	set	sets	solving	strict	supporting	system	systems	upper
deg(w)	3	2	2	1	2	1	2	1	3	3	3	4	5	8	2	2	2	6	3	1	2	3	1	4	2
freq(w)	2	1	2	1	1	1	1	1	2	1	1	2	2	3	1	1	1	3	1	1	1	1	1	4	1
deg(w) / freq(w)	1.5	2	1	1	2	1	2	1	3	3	3	2	2.5	2.7	2	2	2	2	3	1	2	3	1	1	2

图 1.4   词的得分

minimal generating sets (8.7), linear diophantine equations (8.5), minimal supporting set (7.7), minimal set (4.7), linear constraints (4.5), natural numbers (4), strict inequations (4), nonstrict inequations (4), upper bounds (4), corresponding algorithms (3.5), set (2), algorithms (1.5), compatibility (1), systems (1), criteria (1), system (1), components (1),constructing (1), solving (1)

图 1.5   候选关键词和得分

1.2.3　邻接关键词

由于 RAKE 是按照停用词来划分候选关键词的，所以通过这种方法提取出的关键词内部不包含停用词。随着 RAKE 在提取专业术语能力上所展现出的相当大的优势，它能够识别在内部包含停用词的关键词（比如 axis of evil）的优势也越来越明显。找出这些关键词需要找出在同一文档的同一位置上至少邻接出现两次的关键词。一个新的关键词就是由这些关键词和内部停用词组合而成的。这个新的关键词的得分将由其组成词项的得分之和组成。

需要指出的是，一些邻接关联的关键词被提取出来无疑在某种程度上增加了这个关键词的重要性。由于邻接关键词必须在同一文档的同一位置上至少出现两次，因此较长文档的关键词提取比较短文档的关键字提取要简单得多。

1.2.4　提取关键词

在候选关键词被计算得分之后，前 T 个得分最高的关键词将最终被选为关键词，如同 Mihalcea 和 Tarau（2004）所做的那样，我们取 T 为词共现图中词的数量的三分之一。

样本文摘一共包括 28 个实词，所以取 T 为 9。表 1.1 是 RAKE 提取出的关键词和人工标记的关键词对比。我们通过统计方法来测量准确率和召回率，使用 F 值[⊖]来衡量 RAKE 的效果。RAKE 一共提取了 9 个关键词，其中有 6 个是正确的。

⊖ F 值（F-measure）是信息检索领域的一种系统性能测试指标，它是综合召回率和准确率的一种系统评价指标。——编辑注

这就是说，在 RAKE 提取的 9 个关键词中有 6 个关键词与人工提取的关键词是相同的。虽然其中的 natural numbers 和人工提取的 set of natural numbers 非常相似，但是为了更加准确，我们把它当成错误的对待。所以提取出的关键词中有三个是错的，我们可以得到 RAKE 的准确率为 67%。把提取出的 6 个正确的关键词与人工提取的 7 个关键词进行对比，就可以得到召回率为 86%，我们计算准确率与召回率的加权平均数就可以得到 F 值为 75%。

表 1.1　RAKE 提取出的关键词与人工标记的关键字对比

RAKE 提取出的关键词	人工标记的关键词
minimal generating sets	minimal generating sets
linear diophantine equations	linear Diophantine equations
minimal supporting set	
minimal set	
linear constraints	linear constraints
natural numbers	
strict inequations	strict inequations
nonstrict inequations	nonstrict inequations
upper bounds	upper bounds
	set of natural numbers

1.3　基准评估

为了评估算法的性能，我们将 RAKE 与在 Hulth（2003）、Mihalcea 和 Tarau（2004）的报告中进行关键词提取实验的技术摘要集合做对比，主要是为了使它们的结果可以进行直接比较。

1.3.1　准确率和召回率评估

这组技术摘要包括 2000 篇来自计算机科学与信息技术期刊论文的文献摘要。这些摘要被划分成：1000 篇摘要的训练集、500 篇摘要的验证集和 500 篇摘要的测试集。我们仿照了 Mihalcea 和 Tarau（2004）中描述的方法，因为 RAKE 不需要训练集，所以就用测试集作评估。从每篇摘要中抽取出来的关键词被用来与人工标记的不受控关键词的关联集合中的内容进行比较。

表 1.2 描述了 RAKE 使用 Fox（1989）的停用词列表，且 T 取图中单词数目的三分之一时的性能。对于每一种方法，对应表中每一行所显示的信息如下：提取关键词的总数量和平均每一篇摘要中的关键词数量；提取正确关键词的总数量和平均每一篇摘要中正确关键词的数量；准确率；召回率；F 值。在 Hulth（2003）、Mihalcea 和 Tarau（2004）上公布的结果也在比较的范围内。准确率、召回率和 F 值的最高值在表中加粗显示。因为人工标记的关键词并不一定总是出现在摘要中，

所以使用任何技术都不可能达到 100% 的准确率。如果 RAKE 方法使用了基于邻接关键词生成的停用词列表，则可以获得最高的准确率和 F 值。这组邻接关键词是如图 1.6 所示的列表的一个子集。从 F 值和准确率的角度来看，RAKE 对这组停用词列表产生了最好的结果，并且有一个相似的召回率。在使用 Fox 的停用词列表时，RAKE 可获得一个高的召回率，但是准确率会有所降低。

表 1.2　用 RAKE、TextRank［Mihalcea 和 Tarau（2004）］和监督学习［Hulth（2003）］的方法在技术摘要测试集的 500 篇摘要中自动提取关键词的结果

方法	提取的关键词		正确的关键词		准确率/(%)	召回率/(%)	F 值
	总量	均量	总量	均量			
RAKE（$T = 0.33$）							
KA 停用词列表（$df > 10$）	6052	12.1	2037	4.1	**33.7**	41.5	**37.2**
Fox 停用词列表	7893	15.8	2054	4.2	26	42.2	32.1
TextRank							
Undirected，co-occ. window = 2	6784	13.6	2116	4.2	31.2	43.1	36.2
Undirected，co-occ. window = 3	6715	13.4	1897	3.8	28.2	38.6	32.6
（Hulth 2003） Ngram with tag	7815	15.6	1973	3.9	25.2	**51.7**	33.9
NP chunks with tag	4788	9.6	1421	2.8	29.7	37.2	33
Pattern with tag	7012	14	1523	3	21.7	39.9	28.1

the, and, of, a, in, is, for, to, we, this, are, with, as, on, it, an, that, which, by, using, can, paper, from, be, based, has, was, have, or, at, such, also, but, results, proposed, show, new, these, used, however, our, were, when, one, not, two, study, present, its, sub, both, then, been, they, all, presented, if, each, approach, where, may, some, more, use, between, into, 1, under, while, over, many, through, addition, well, first, will, there, propose, than, their, 2, most, sup, developed, particular, provides, including, other, how, without, during, article, application, only, called, what, since, order, experimental, any

图 1.6　生成的停用词列表中的排名前 100 的词汇

1.3.2　效率评估

由于人们对大型数据中心能源节约的兴趣在逐步增加，因此我们也评估了使用 RAKE 和 TextRank 方法的相关计算成本。TextRank 将语法的过滤器应用到文档文本中以标记文中的实词，并且计算一个大小为 2 的窗口的词共现图。图中每个单词的排名都是通过一系列使它收敛于临界值的迭代计算而得到的。

我们设置 TextRank 的阻尼因数 $d = 0.85$，收敛的临界值为 0.0001。我们无法

8

获知 Mihalcea 和 Tarau（2004）中的语法过滤器，所以无法估计出他们的计算成本。

为了使差异尽可能小，提取方法的语法分析阶段都是一样的，TextRank 在一个大小为 2 的窗口中计算词共现，RAKE 在候选关键词中计算词共现。在词共现被赋予了相应的分数后，算法就可以通过它们各自的方法计算出关键词的分数。这个基准评估是用 Java 来实现的，在 Dell Precision T7400 工作站上，并在 JRE6 运行环境中执行。

我们分别为 RAKE 和 TextRank 计算了（平均迭代次数超过 100 次）从含有 500 篇技术摘要的测试集中提取关键词的总时间。从 500 篇摘要中提取关键词，RAKE 用了 160ms，而 TextRank 则用了 1002ms，足足比 RAKE 消耗的时间多了 6 倍多。

观察图 1.7，可以看到，随着文档内容中词汇量的增多，RAKE 对于TextRank 的优势就表现得越来越明显。这是因为 RAKE 只需一次便可计算出单词的得分，然而 TextRank 却需要通过重复迭代到收敛才能计算出单词的排名。

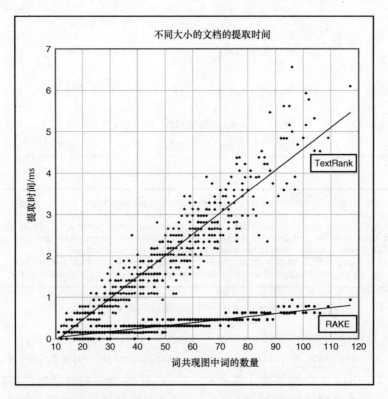

图 1.7　在独立的文档中 TextRank 和 RAKE 提取关键词时间的比较

对这个基准评估而言，很明显 RAKE 在准确率、效率和简洁性方面更有优势，

可以有效地提取出关键词并且优于当前的现状。由于 RAKE 可以用于许多不同的
系统和应用程序，在下一节中我们将讨论可以应用于一个特定的语料库、域，以及
语言中的停用词列表的生成方法。

1.4 停用词列表生成

停用词列表被广泛用于信息检索和文本分析应用程序中，然而，却很少有信息
来描述它们的创建方法。Fox（1989）展示了一种对停用词列表的分析，解释了现
有的惯例与实际情况，以及实现停用词列表之间的差异。停用词列表的创建缺乏相
关的技术严谨性，这也对它与文本分析方法之间的比较提出了一项挑战。实际上，
停用词列表是基于常规功能的词汇而生成的，可以为特定的应用程序、域或者特定
的语言进行手动调整。

我们评估词频的使用，把它作为一个停用词列表自动选择词汇的度量标准。
表 1.3 中列出了，在基准数据集中，从技术摘要训练集中提取的词频排名前 50 的
单词。其他的一些度量标准分别是：文档频率、邻接频率、关键词频率。邻接频率
反映的是这个词与关键词邻接出现的次数。而关键词频率反映的则是单词在摘要关
键词中出现的次数。

表 1.3　在技术摘要训练集中按词频降序排列的使用频率最高的前 50[①] 个单词

单　　词	词　　频	文档频率	邻接频率	关键词频率
the	8611	978	3492	3
of	5546	939	1546	68
and	3644	911	2104	23
a	3599	893	1451	2
to	3000	879	792	10
in	2656	837	1402	7
is	1974	757	1175	0
for	1912	767	951	9
that	1129	590	330	0
with	1065	577	535	3
are	1049	576	555	1
this	964	581	645	0
on	919	550	340	8
an	856	501	332	0
we	822	388	731	0
by	773	475	283	0
as	743	435	344	0

（续）

单　词	词　频	文 档 频 率	邻 接 频 率	关键词频率
be	595	395	170	0
it	560	369	339	13
system	**507**	**255**	**86**	**202**
can	452	319	250	0
based	451	293	168	15
from	447	309	187	0
using	428	282	260	0
control	**409**	**166**	**12**	**237**
which	402	280	285	0
paper	398	339	196	1
systems	**384**	**194**	**44**	**191**
method	**347**	**188**	**78**	**85**
data	**347**	**159**	**39**	**131**
time	**345**	**201**	**24**	**95**
model	**343**	**157**	**37**	**122**
information	**322**	**153**	**18**	**151**
or	315	218	146	0
s	314	196	27	0
have	301	219	149	0
has	297	225	166	0
at	296	216	141	0
new	294	197	93	4
two	287	205	83	5
algorithm	**267**	**123**	**36**	**96**
results	262	221	129	14
used	262	204	92	0
was	254	125	161	0
these	252	200	93	0
also	251	219	139	0
such	249	198	140	0
problem	**234**	**137**	**36**	**55**
design	**225**	**110**	**38**	**68**

① 表中只有 49 个单词，原书中有误。

观察最常出现的这 50 个单词，除了一些典型的功能词汇以外，我们可以看到，system、control、method 频繁地出现在技术摘要和摘要关键词中。仅仅通过词频来选择将会导致实词被加到停用词列表中，尤其是如果文档的语料库集中在一个特定的域或主题中。在这样的情况下，通过词频来选择停用词将面临在分析的过程中移除重要实词的风险。

我们因此给出下面的方法来为一组关键词已经确定的文档自动生成停用词列表。这个算法是建立在停用词邻近但不在关键词中，且关键词没有实际意义的基础上的，因此它对构成停用词列表是个不错的选择。

为了生成停用词列表，我们从技术摘要训练集的每个摘要中找出一些特定的词，这些词与摘要中不受控关键词列表中的词相邻。每个词语邻近关键词的频率在摘要间累加。当词语在关键词中出现的频率高于邻近关键词的频率时，将会被移出停用词列表。

为了评估这种生成停用词列表的方法，我们创建了 6 个停用词列表，其中有三个是通过词频（Term Frequency，TF）来为停用词列表选词，虽然其他三个也是通过词频来选择的，不过它们也同时从停用词列表中移除了那些关键词频率大于它们邻接关键词的频率的停用词。我们把后一种停用词列表叫作关键词邻接（Keyword Adjacency，KA）停用词列表，因此它们主要包括的是那些邻近但不在关键词中的停用词。

每个停用词列表都被设置成 RAKE 的输入停用词列表形式，之后就可以在科学文献语料库的技术摘要的测试集上运行。表 1.4 列出了利用这些停用词列表来提取关键词的准确率、召回率和 F 值。用我们的方法生成的 KA 停用词列表优于用词频生成的 TF 停用词列表。使用这两种不同类型的停用词列表所产生的结果的一个显著不同见表 1.4：随着更多的词汇被添加到 KA 停用词列表中，F 值会增大；然而，随着更多的词汇被添加到 TF 停用词列表中，F 值会减小。此外，TF 停用词列表最好的结果也比 KA 停用词列表最坏的结果差。这就说明我们生成停用词列表的算法产生了正确的停用词，并且从停用词列表中移除了实词。

表 1.4　使用词频（TF）和关键词邻接（KA）词频生成的不同的停用词列表的 RAKE 的性能的比较

方　法	停用词列表大小	提取的关键词		正确的关键词		准确率/（%）	召回率/（%）	F 值
		总量	均量	总量	均量			
RAKE（$T = 0.33$）								
TF 停用词列表（$df > 10$）	1347	3670	7.3	606	1.2	16.5	12.3	14.1

（续）

方　法	停用词列表大小	提取的关键词		正确的关键词		准确率/（%）	召回率/（%）	F值
		总量	均量	总量	均量			
TF 停用词列表（$df > 25$）	527	5563	11.1	1032	2.1	18.6	21.0	19.7
TF 停用词列表（$df > 50$）	205	7249	14.5	1520	3.0	21.0	30.9	25.0
RAKE（$T = 0.33$）								
KA 停用词列表（$df > 10$）	763	6052	12.1	2037	4.1	33.7	41.5	37.2
KA 停用词列表（$df > 25$）	325	7079	14.2	2103	4.3	29.7	42.8	35.1
KA 停用词列表（$df > 50$）	147	8013	16.0	2117	4.3	26.4	43.1	32.8

因为生成的 KA 停用关键词可以补充人工标记的关键词，所以我们预想这一技术在现存的数字图书馆、IR 系统和文档子集中存在已经定义的或者容易被识别的关键词的集合中将会得到理想的应用。在特定的域中，停用词列表仅需被生成一次，就可以使 RAKE 适用于未来的文章中，从而改进新文档的注释和索引功能。

1.5　新闻消息的评估

我们已经展示了一组简单的参数配置，它可以使 RAKE 高效地从独立文档中提取关键词，提取的关键词是如何代表没有被人工标记关键词的文档语料库的本质内容，这是很值得研究的问题。下面的部分展示了将 RAKE 应用在多角度问题回答（Multi-Perspective Question Answering，MPQA）语料库（CERATOPS 2009）中的结果。

1.5.1　MPQA 语料库

MPQA 语料库中包含了 535 篇由 CERATOPS⊖提供的新闻消息。MPQA 语料库中的文章是来自美国和其他 187 个不同国家和地区的新闻资源，这些资源的时间是从 2001 年 6 月到 2002 年 5 月。

1.5.2　从新闻消息中提取关键词

在 MPQA 语料库中，我们将会从文档的标题和文本内容中提取关键词，并且

⊖　这是一个由美国国土安全部支持的，帮助研究机构开发先进的软件系统来更快、更全面地监测全球媒体的项目。——编辑注

设置最小临界值为 2，因为我们感兴趣的是与多个文档有关的关键词。候选关键词的得分是基于 deg（w）/freq（w）和 deg（w）的单词得分。用 deg（w）/freq（w）来计算单词得分，RAKE 提取了 517 个关键词，每个关键词平均被 4.9 个文档引用。用 deg（w）计算单词得分，RAKE 提取了 711 个关键词，每个关键词平均被 8.1 个文档引用。

较长的关键词在文档中有较低的频率，这便导致了引用文档的平均数量不同。使用 deg（w）/freq（w）这种测量方式对长关键词更有利，因此导致在 MPQA 语料库中提取的关键词出现在较少的文档中。

在许多情况下，虽然一个主题偶尔会以很长的形式展示出来，但其更多则是以较短的形式被文档引用。例如，参照表 1.5，kyoto protocol on climate change 和 1997 kyoto protocot 出现的频率就小于较短形式的 kyoto protocol。

表 1.5　分别用 deg（w）和 deg（w）/freq（w）计算单词得分来度量提取的关键词

关键词	以 deg（w）计算的得分		以 deg（w）/freq（w）计算的得分	
	edf（w）	rdf（w）	edf（w）	rdf（w）
kyoto protocol legally obliged developed countries	2	2	2	2
eu leader urge russia to ratify kyoto protocol	2	2	2	2
kyoto protocol on climate change	2	2	2	2
ratify kyoto protocol	2	2	2	2
kyoto protocol requires	2	2	2	2
1997 kyoto protocol	2	4	4	4
kyoto protocol	31	44	7	44
kyoto	10	12	—	—
kyoto accord	3	3	—	—
kyoto pact	2	3	—	—
sign kyoto protocol	2	2	—	—
ratification of the kyoto protocol	2	2	—	—
ratify the kyoto protocol	2	2	—	—
kyoto agreement	2	2	—	—

因为我们对新闻消息分析的兴趣是与参照相关内容的文章相关联的，所以为了提取出现在很多文档中的短关键词，我们设置 RAKE 的单词得分为 deg（w）。

因为在任何给定的语料库中，大多数的文档都是唯一的，所以我们希望能够找出文档主题的分布，以及每一个文档是如何代表特定主题的。一些文档可能主要是关于 kyoto protocol、greenhouse gas emissions 和 climate change，其他的文档则可能仅仅是对这些主题做了一些引用。前一种集合中的文档可能会将 kyoto protocol、greenhouse gas emissions 和 climate change 提取出来当作关键词，然而后一种集合中的文档则不会。

在许多应用程序中，用户希望考虑到所有的参考文献，然后提取出关键词。为了评估提取的关键词，我们会对每个从语料库中提取出的关键词被文档引用的次数进行累加计数。一个关键词被文档引用的频率 rdf (k)：关键词作为候选关键词出现在文档中的文档的数量。一个关键词的提取文档频率 edf (k)：在文档中被作为关键词提取出来的文档的数量。

关键词可以从所有引用它的文档中提取出来，被描述成排他性或必要性，然而一个关键词被许多文档引用却只能从一小部分中提取出来则被描述成普遍性。比较 edf (k) 和 rdf (k) 的关系，我们可以描述一个特定关键词的排他性。因此定义关键词的排他性如下式所示

$$exc(k) = edf(k)/rdf(k) \tag{1.1}$$

在 711 个提取的关键词中，有 395 个的排他性得分为 1，这表明可以从每一个引用它们的文档中将它们提取出来。在 395 个排他性关键词的集合中，有一些较另一些出现在了更多的文档中，因此被认为在文档语料库中更有必要。为了衡量一个关键词的必要性，我们定义一个关键词的必要性如下式所示：

$$ess(k) = exc(k) \times edf(k) \tag{1.2}$$

图 1.8 列出了从 MPQA 语料库中提取的必要性排名前 50 位的关键词，按必要性分数的降序排列。按照 CERATOPS 给出的定义，MPQA 语料库由 10 个基本的话题组成，在表 1.6 中列出的，这 10 个话题可以用提取出的 50 个最必要的关键词来描述。

---

united states (32), human rights (24), kyoto protocol (22), international space station (18), mugabe (16), space station (14), human rights report (12), greenhouse gas emissions (12), chavez (11), ** (11), president chavez (10), human rights violations (10), president bush (10), palestinian people (10), prisoners of war (9), president hugo chavez (9), kyoto (8), ** (8), israeli government (8), hugo chavez (8), climate change (8), space (8), axis of evil (7), president fernando henrique cardoso (7), palestinian (7), palestinian territories (6), ** (6), russian news agency interfax (6), prisoners (6), ** (6), president robert mugabe (6), presidential election (6), geneva convention (5), palestinian authority (5), venezuelan president hugo chavez (5), ** (5), opposition leader morgan tsvangirai (5), french news agency afp (5), bush (5), ** (5), camp x-ray (5), rights (5), election (5), ** (5), al qaeda (5), president (4), south africa (4), global warming (4), bush administration (4), mdc leader (4)

图 1.8   MPQA 语料库中必要性最高的 50 个关键词及其必要性得分

表 1.6 MPQA 语料库主题和定义

主　　题	简　　述
argentina	Economic collapse in Argentina
axis of evil	Reaction to President Bush's 2002 State of the Union Address
guantanamo	US holding prisoners in Guantanamo Bay
humanrights	Reaction to US State Department report on human rights
kyoto	Ratification of Kyoto Protocol
mugabe	2002 Presidential election in Zimbabwe
settlements	Israeli settlements in Gaza and West Bank
space station	Space missions of various countries
**	**
venezuela	Presidential coup in Venezuela

除了对文档必不可少的关键词外，我们还可以通过关键词对语料库的普遍性来描述关键词。换句话说，一个关键词被文档引用但却没有被提取出来的次数是多少？既然这样，我们定义一个关键词的普遍性如下式所示：

$$\mathrm{gen}(k) = \mathrm{rdf}(k) \times (1.0 - \mathrm{exc}(k)) \qquad (1.3)$$

图 1.9 中列出了从 MPQA 语料库中提取的普遍性排名前 50 位的关键词，它们的普遍性得分是按降序排列的。值得注意的是，具有普遍性的关键词与具有必要性的关键词并不是相互排斥。在两种评价标准的排名前 50 位的关键词中，有一些共同的关键词：united states、president、bush、prisoners、election、rights、bush administration 和 human rights 和 north korea。具有高必要性和高普遍性的关键词对语料库中的文档集合是很重要的，同时相对于其他关键词来说，它们也被很多文档引用。

---

government (147), countries (141), people (125), world (105), report (91), war (85), united states (79), china (71), president (69), iran (60), bush (56), japan (50), law (44), peace (44), policy (43), officials (43), israel (41), zimbabwe (39), taliban (36), prisoners (35), opposition (35), plan (35), president george (34), axis (34), administration (33), detainees (32), treatment (32), states (30), european union (30), palestinians (30), election (29), rights (28), international community (27), military (27), argentina (27), america (27), guantanamo bay (26), official (26), weapons (24), source (24), eu (23), attacks (23), united nations (22), middle east (22), bush administration (22), human rights (21), base (20), minister (20), party (19), ** (18)

图 1.9 MPQA 语料库中普遍性最高的 50 个关键词及其普遍性得分

1.6 总结

本文已经展示了关键词自动提取技术——RAKE，获得了较高的准确率和较之

16

现有技术相似的召回率。与依靠自然语言处理技术的方法获得的结果对照，RAKE通过一个简单的输入参数集合，只需一遍即可自动提取关键词，适合一个很大范围内的文档和集合。

最后，RAKE 的简洁性和高效性使它可以被应用于关键词可以被补充的应用环境。基于已有集合的大小和总类、文档被创建和收集的速率，RAKE 为其他分析方法提供了有利的条件和计算资源。

参考文献

Andrade M and Valencia A 1998 Automatic extraction of keywords from scientific text: application to the knowledge domain of protein families. *Bioinformatics* **14**(7), 600–607.

CERATOPS 2009 MPQA Corpus http://www.cs.pitt.edu/mpqa/ceratops/corpora.html.

Engel D, Whitney P, Calapristi A and Brockman F 2009 Mining for emerging technologies within text streams and documents. *Proceedings of the Ninth SIAM International Conference on Data Mining*. Society for Industrial and Applied Mathematics.

Fox C 1989 A stop list for general text. *ACM SIGIR Forum*, vol. 24, pp. 19–21. ACM, New York, USA.

Gutwin C, Paynter G, Witten I, Nevill-Manning C and Frank E 1999 Improving browsing in digital libraries with keyphrase indexes. *Decision Support Systems* **27**(1–2), 81–104.

Hulth A 2003 Improved automatic keyword extraction given more linguistic knowledge. *Proceedings of the 2003 Conference on Empirical Methods in Natural Language Processing*, vol. 10, pp. 216–223 Association for Computational Linguistics, Morristown, NJ, USA.

Hulth A 2004 *Combining machine learning and natural language processing for automatic keyword extraction*. Stockholm University, Faculty of Social Sciences, Department of Computer and Systems Sciences (together with KTH).

Jones K 1972 A statistical interpretation of term specificity and its application in retrieval. *Journal of Documentation* **28**(1), 11–21.

Jones S and Paynter G 2002 Automatic extraction of document keyphrases for use in digital libraries: evaluation and applications. *Journal of the American Society for Information Science and Technology*.

Matsuo Y and Ishizuka M 2004 Keyword extraction from a single document using word co-occurrence statistical information. *International Journal on Artificial Intelligence Tools* **13**(1), 157–169.

Mihalcea R and Tarau P 2004 Textrank: Bringing order into texts. In *Proceedings of EMNLP 2004* (ed. Lin D and Wu D), pp. 404–411. Association for Computational Linguistics, Barcelona, Spain.

Salton G, Wong A and Yang C 1975 A vector space model for automatic indexing. *Communications of the ACM* **18**(11), 613–620.

Whitney P, Engel D and Cramer N 2009 Mining for surprise events within text streams. *Proceedings of the Ninth SIAM International Conference on Data Mining*, pp. 617–627. Society for Industrial and Applied Mathematics.

第 2 章 利用数学方法进行多语言文档聚类

Brett W. Bader 和 Peter A. Chew

2.1 简介

万维网的页面发生了巨大的变化,涵盖了广泛的主题和观点。有一些是新闻页面,另外一些则是博客。鉴于在网上有大量的文档,因此通过主题来对这些页面进行文档聚类就成了一项具有挑战性的工作。再加上网页可以用任何语言来显示,这就使得已存在的具有挑战性的文本挖掘问题显得更加复杂了。

在计算语言学方面发表的许多文章中,我们概述了许多在多语言语料库中进行文档聚类的计算技术。本章就将详细介绍这些技术,并提供一些更深刻的见解和新的发展。具体来说,我们展示了近期发展起来的、用矩阵和张量来运算的多种数学模型。当一个合适的语料库存在时 [Chew 和 Abdelali (2007)],这些方法可应用于两种甚至是多种语言中。

在 2.2 节和 2.3 节中,本文将会介绍这个问题,以及我们为多语言文档聚类所提供的实验设置。从 2.4 节到 2.9 节,本文展示了我们的方法和这些方法产生的结果。在 2.10 节中,本文讨论了结果并且总结了我们做出的贡献。

2.2 背景

早期在 IR 环境中处理文档的方法是 Salton[Salton (1968);Salton 和 McGill (1983)] 的向量空间模型 (Vector Space Model, VSM)。向量空间模型的原理是:用一个元素来代表独立词项的向量,并通过词项之间的相对权重来编码一个文档。我们可以对文档集进行编码组成词项-文档矩阵 X,其中,矩阵的行代表词项;矩阵的列代表文档。每一个元素 x_{ij} 表示词项 i 出现在文档 j 中的次数。由于词项在语言中服从齐普夫分布[⊖],所以该矩阵是稀疏矩阵 [Zipf (1935)]。

为了获得更好的性能,一个实际问题是,X 中的词量是可调整的。许多调整方法被提出,其中有两个用得最普遍,这主要是基于它们在软件中广泛的应用性,例如 SAS,它是 TF-IDF (词频-反文档频率) 和按 log-熵公式进行调整的。其他的方法由 Chisholm 和 Kolda (1999) 来提出。在我们介绍的方法中 [见式 (2.2)],只

⊖ 由美国语言学家齐普夫 (Zipf) 提出的单参数序号分布定律,它揭示了频率词典中词的出现频率和词按照绝对频率递减顺序排列的序号这两个参数之间的相互关系。——编辑注

考虑按 log-熵公式进行调整。

在 1990 年，Deerwester 等人（1990）提出通过奇异值分解（Singular Value Decomposition，SVD）在一个基于词共现的、共同的语义空间中组织词项和文档，并以此分析词项-文档矩阵。因为这个方法声称，可以将表面词汇组织到它们的潜在语义中，所以这个方法也称为潜在语义分析（Latent Semantic Analysis，LSA）。

在 LSA 中，（可调整的）词项-文档矩阵 X 的奇异值分解的计算方法如下：

$$X = USV^{\mathrm{T}} \tag{2.1}$$

通常情况下，一小列数据（相对于 X 的整体大小来说）被保留下来，一个删减的 SVD 就被计算出来了。这等于只保留 S 中前 R 个奇异值（对应于 U 和 V 中的前 R 列）。这个 X 的低阶近似法其本质是在降维并保留最重要的信息，从而去掉干扰信息。将文档投影到这种较小维度的子空间中，它包含的特征向量可用于相似度的计算或者是机器学习的任务中［例如，Chew 等人（2008a）］。

作为一种依靠线性代数和矩阵计算并基于统计的方法，LSA 催生了许多变化和新的应用领域。对于和我们现在相关的问题，Landauer 和 Littman（1990）用一组多语言（英语和法语）摘要扩展了潜在语义索引。每一个文档都被当作同一摘要的法语和英语版本，包含这两种语言中词汇的 LSA 的一个多语言空间的混合物（词义包）。他们的实验显示，在跨语言的检索中，两种语言空间产生的实验结果要优于单语言空间的实验结果。在一种语言中查询，而在另一种语言中检索，这种操作和将查询语句翻译到单一的语料库中再进行操作的效率是一样的。Young（1994）也仅使用了两种语言（希腊语和英语），其源数据是福音书。他在文章中证明了 LSA 可以高效地检索任何语言中的文档，而不需要翻译用户的查询。我们的工作区别于这些研究的地方是：对于跨语言 IR，我们考虑的不仅仅是两种语言。

2.3 实验设置

对于多语言 IR 实验，我们需要一个多语言并行语料库，这就意味着每一个文档在所有语言中都有一个完整的翻译版本。由于《圣经》和《古兰经》有许多的多语言语料库存在并且使用得很好，因此我们把这两个作为我们的多语言语料库。它们都被专业地翻译过，并且经过人工排列成诗篇（每一首诗大致包含一到两句）。这些细粒度的并行性能够帮助我们的机器学习技术从词共现中学习概念。

为了训练和测试，我们限定了语言的选择范围：阿拉伯语、英语、法语、俄语和西班牙语。表 2.1 中列出了这些《圣经》译本的词汇统计。表中显示了各语言之间在语言上的明显不同。英语有最少的特殊词项，然而阿拉伯语有接近其 5 倍的特殊词项，却只有刚超过其一半的总词汇量。表 2.1 中的排序大致对应于语言学家定义的谱系排序，排序被确定为：一端具有高"隔离性"（一个单词有一个词素或独立的意义单元），另一端具有高"混合性"（一个单词有高词素）。

英语在很大程度上是一种隔离性的语言，因为大部分的词汇仅有一个或少量的词素。例如，动词可能用于表示时态（例如，词素"ed"就用于表示过去时），名词可以表示为复合或者是复数形式（例如，词素"s"常表示名词的复数形式）。

表 2.1 用于训练的《圣经》各译本的词汇统计

语言（译本）	特殊词项	总词汇量
英语（King James）	12 335	789 744
法语（Darby）	20 428	812 947
西班牙语（Reina Valera 1909）	28 456	704 004
俄语（Synodal 1876）	47 226	560 524
阿拉伯语（Smith Van Dyke）	55 300	440 435

德语作为一种混合性语言，它很接近谱系的另一端，因为它包含许多由独立词素组成的复合名词。但是，有些语言的差异甚至更大。Payne（1997）列举了一个来自尤皮克人的爱斯基摩语⊖的例子，"tuntussuqatarniksaitengqiggtuq"，它的意思是"he had not yet said again that he was going to hunt reindeer"。这个词由许多词素组成，事实很明显，其英语翻译中包含了许多词汇。例如，最开始的词素 tuntu 指的是 reindeer。所以，如果意思变成了"she was going to hunt reindeer"，将会产生另一个全新的、以 tuntu 开始、仅仅包含例子中一部分词素并且有一个不同词素的词汇，这是因为主题中的性别发生了变化。因此，这样就能很容易看出为什么这种语言会给向量空间模型带来麻烦。因为每个词汇都有多种意思，但是却由向量空间中一个单独的方向表示，而不是基于它构成词素的一组方向来表示。

因此，这些语言间的不同也对基于共现模式的统计技术提出了挑战。人工语言具有更多的特殊词项，代表更多样化的概念。在一个孤立的语言中，将会有较少的词汇与其他词汇共现，使得从共现模式中更难学到它们的关系。

对于我们的系统，我们没有考虑传统的词干或者是停用词列表，因为我们所希望的最普及的系统不依赖于一种语言的专业知识。我们更倾向于仅仅依赖一种语言的、可扩展系统的语料库的统计特征，这个系统可能应用于不太常见或者是模糊不清的语言中。

我们把《圣经》和《古兰经》作为我们测试集的文档。用这五种语言，我们有 570 个独立测试查询。对于每一个新的查询文档，我们将它的向量投影到空间 US^{-1} 中，并和其他所有文档的特征向量计算余弦相似性。最高的相似性意味着存

⊖ 爱斯基摩语是非常典型的多式综合语。这类语言的每个词都是由多个词素构成的，因而可以通过在词根上不断附加作为后缀的新词素，从而来构造出能够表达复杂含义的词语，这样的词语在其他的语言中往往需要用一个句子来表达。——编辑注

在最佳匹配，这对于我们而言，应该是存在一个查询文档的匹配翻译。我们选择使用 S^{-1} 而不是其他的，这是因为如果我们考虑将 X 中的文档作为我们的测试集，那么 X 在 US^{-1} 上的投影就会接近 SVD 中的文档-概念矩阵 V。

为了评估该技术的性能，我们考虑了在多语言 IR 中所应用的两种准确度的衡量标准。首先，我们将测试集分解成 25 个可能的语言对组合，其中包括每种语言本身。对于每一组，有 228 个不同的查询，目的是在另一种语言中检索那一章节中相应的翻译。我们计算单个文档的平均准确率（P1），该准确率是查询的翻译排名最靠前次数占总次数的平均百分比。P1 可以作为所有的语言关于查询的平均值或我们报告的总体平均值。当源语言和目标语言被指定时，P1 是一个衡量获取文档成功与否的相对严格的值。

第二步，我们考虑五个文档的平均多语言准确率（MP5），这五个文档是查询文档中翻译得最好的五个文档的平均百分比。我们计算 MP5，并将其作为所有查询和所有语言的平均值。从本质上说，MP5 在多语言聚类上有很大的成功。MP5 比 P1 更严格；由于目标语言没有被指定，我们也就有了更多的选择。

2.4 多语言 LSA

在跨语言 IR 的语境中，这一项工作开始于并行的多语言语料库。Landauer 和 Littman（1990）以及 Young（1994）在一对语言中使用了这种方法，Chew 和 Adbelali（2007）则在多种语言中使用了这种方法，并为每一种语言堆叠了所有的词项-文档矩阵，如图 2.1 所示，一个矩阵在另一个矩阵的顶端。每一行对应所有语言中的词项，通过被删减的 SVD 可以找到代表这个矩阵的最佳的秩 R。特征向量矩阵将词汇和文档组织到正交的基本向量中，这些向量是基于在 X 中词汇和文档的共现模式的。

对于这五种语言及秩为 300 的 SVD，最好的结果是：平均的 P1 值是 76.0%，平均的 MP5 值是 26.1%。P1 的值很可观，MP5 的值则令人失望，这也说明：文档更多的是通过语言，而不是主题来进行聚类的。

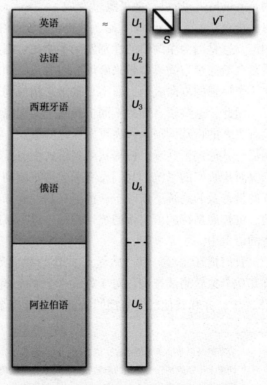

图 2.1　用于 SVD 的多语言 LSA 的图解

观察我们的结果可以发现，在 U 矩阵的概念向量中，普通词汇（如：限定词、代词、连词、介词）的重要性存在不平衡。这一事实源于标准 log- 熵公式处理词汇的方式：用常规方法处理普通词汇，用较高信息增益处理其他词汇。这一深入观察的结果让我们调整了 log- 熵的公式，具有高熵的普通词汇在 SVD 中的影响力会减小。对于 log- 熵，我们做了一个简单的调整，即将全局词项的权重提高为

$$X_{td} = \log(X_{td}+1)\left[1+\frac{H_t}{\log N}\right]^{\alpha} \qquad (2.2)$$

其中，$\alpha > 1$；$H_t = \sum_d (X_{td}/F_t)\log(X_{td}/F_t)$，它是词项 t 的熵；F_t 是语料库中词项 t 的原始频率。

这次修改所造成的影响是：$\alpha > 1$ 缓解了普通词汇在 SVD 中的影响力。随着 α 的增大，X 中元素的权值从普通词汇转换成不常见的，多信息词汇，而在主奇异向量中相应的转换也是很明显的。然而，如果 α 太大，则矩阵 X 主要包含的将是低-熵词项（如：专有名词）。

我们的计算研究显示：$\alpha = 1.8$ 显著提高了我们所有技术的检索结果。图 2.2 显示了在英语中所有词汇的全局词项权重。第一个词项索引对应词汇"and"。在《圣经》中，大约有 6000 词汇仅出现过一次（称作罕用语）。这些都显示在了图 2.2 的右侧，无论 α 的值是多少，每个词汇都有一个全局词项权重。

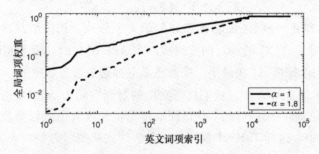

图2.2　通过增加全局词项权重（取 α 次幂）来提高词项- 文档矩阵的权重

随着全局词项权重的提高，对于五种语言及秩为 300 的 SVD，最好的结果是：平均的 P1 值是 88.0%，平均的 MP5 值是 65.7%。可以看出，P1 的结果有了很大的提升（p 值为 7×10^{-51}），在多语言准确率上也有了巨大的提升（p 值为 0）。虽然如此，文档仍然更多的是通过语言，而不是主题来进行聚类。

2.5　Tucker1 方法

在 Chew 等人（2007）的文献中，我们得到了一个多语言文本分析的范例，它将不同语言的词项- 文档矩阵放到一个三维空间中罗列起来组成一个多维矩阵，取代了原来的将矩阵上下罗列的方式，从而组成一个多重集合的数组做奇异值分解

（见图 2.3）。

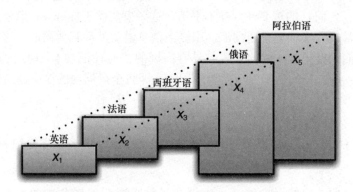

图2.3　多重集合数组的词项-文档矩阵

当数据以这种方式进行组织并且所有的维度都一样时，则矩阵被称为一个 n 维数组或一个张量，用手写体的 $\mathcal{X}$ 表示。张量的分解方法有很多，有一些是由矩阵进行奇异值分解生成的［Kolda 和 Bader（2009）］。其中一个最基本的方法是 Tucker1 模型［Kolda 和 Bader（2009）；Tucker（1966）］，这种方法是在模型中找到一个正交因子矩阵，并且把它应用在所用的平行片中。Tucker1 模型的数学表达式为

$$X_k \approx A_k V^T \quad (k=1, \cdots, K) \tag{2.3}$$

其中，符号 X_k 和 A_k 分别是张量 $\mathcal{X}$ 和 $\mathcal{A}$ 的第 k 个分片，相应地，这个符号称为板符。矩阵 V 是由 $\sum_k X_k^T X_k$ 的特征向量组成。当 $A_k = X_k V$ 时，因为矩阵 V 是标准正交的，所以每一个矩阵 A_k 在最小二乘的意义上都是最适合数据的。

在前面的多语言 LSA 中，我们将新文档映射到空间 $U_k S_k^{-1}$ 中去，沿用这个框架，我们将 A_k 的每一列进行归一化以便取得单位长度，由此权重就可以存储在一个对角矩阵 S_k 中。这样 Tucker1 模型的数学表达式就变形为

$$X_k \approx U_k S_k V^T \quad (k=1, \cdots, K) \tag{2.4}$$

因为在这些矩阵中，行数并不是一个常数，所以我们取最大矩阵的行数为这个张量的行数，而其他小的矩阵则可以用 0 补齐。由此导致系数矩阵 U_k 含有相应数量的零行。Tucker1 模型如图 2.4 所示。

我们用一个秩为 300 的 Tucker1 模型来做实验，可以得到平均的 P1 值为 89.5%，平均的 MP5 值为 71.3%。有了这种张量表示，相比奇异值分解来说，P1 有小幅度的增加（p 值为 8×10^{-3}），而多语言的准确率则有一个较大幅度的增加（p 值为 4×10^{-11}）。然而事实上，在 Tucker1 模型中，每个 U_k 并不能形成一个正交空间，这在一定程度上限制了此方法的效果。把这些新文档映射到斜轴来获取文档的特征向量，特征值之间的距离将会被扭曲，这会给余弦相似性的计算带来不利的影响。

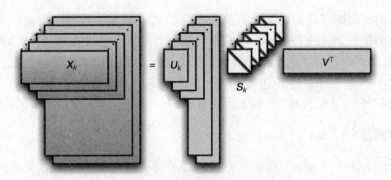

图 2.4　Tucker1 模型的一个实例

2.6　PARAFAC2 方法

　　Harshman（1972）提出的 PARAFAC2 是具有标准正交基的张量分解方法，它可以延伸到多维数组的数据集合。PARAFAC2 方法可以用来分析化学数据，特别是在时间变化的样本中进行色谱分析。在色谱分析方法中，不同的样本具有不同的洗脱曲线，这意味着收集信号所需要的时间将会不一致。在这种情况下，每个矩阵中行的数目可以不同，就像我们的多语言数组的形式一样。

　　按照 Chew 等人（2007）的做法，我们把 PARAFAC2 方法应用在如图 2.3 所示的多重集合数组的词项-文档矩阵中，PARAFAC2 的数学表达式是：

$$X_k \approx U_k H S_k V^{\mathrm{T}} \quad (k = 1, \cdots, K) \tag{2.5}$$

其中，每个 U_k 都是正交矩阵，它们中行的数目可以不同；对每个 k，H 是一个稠密矩阵，我们主要应用的是它的对角元素；S_k 是一个对角矩阵，它包含每个级别 k 的权重；V 是一个不一定正交的稠密矩阵。图 2.5 展示了 PARAFAC2 模型。我们把新文档映射到空间 $U_k S_k^{-1}$ 中。

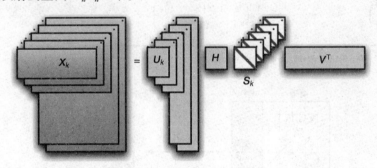

图 2.5　PARAFAC2 模型的实例

　　适合 PARAFAC2 模型的算法要比 Tucker1 复杂得多，所以在这里仅参考 Kiers 等人（1999）提出的算法，在其中我们使用了 MATLAB 的张量工具箱［Bader 和 Kolda（2006，2007a、b）］。

由于内存限制，我们无法计算秩为 300 的 PARAFAC2 模型。取而代之，我们计算了一个秩为 240 的 PARAFAC2 模型，实验结果给出平均的 P1 值 89.8%，平均的 MP5 值 78.5%。有了这个张量分解，无论矩阵的秩比原来小多少，我们总是可以得到比 Tucker1 方法（p 值为 2×10^{-17}）高很多的 MP5 值。然而，比 Tucker1 方法高出的 P1 值（p 值为 0.6）则是无关紧要的。

2.7 词对齐的 LSA

Bader 和 Chew（2008）提出的方法回到了词项-文档矩阵的公式化矩阵。而我们方法的灵感则是来自于 Hendrickson（2007）提出的方法，他认为 LSA 与图的拉普拉斯算子的费德勒向量有关联。这种联系暗示了：比起词项-文档来，这种联系能够使奇异值分解含有更多的信息。

这种方法的理论基础是奇异值分解有许多不同的计算方法（见表 2.2）。如果考虑到表 2.2 中列出的第三个选项，计算出分块矩阵（X 和 X^{T} 不在其对角线上）的特征向量，即可得矩阵 U 和 V（矩阵 U 和 V 都是由其特征向量构成的），这样就增加了分块矩阵对角线上的信息，进而也补充了只是从 X 得到的信息。在 LSA 和词项-文档矩阵 X 中，这些对角块代表的是词项-词项、文档-文档的相似度信息。在 Bader 和 Chew（2008）提出的方法中，我们只在第一个对角块（见图 2.6 中的 D_1）中增加了有关词项的信息。

表 2.2 通过对包含 X 的不同形式的矩阵的特征分解来实现奇异值分解 $X = U\Sigma V^{\mathrm{T}}$

矩 阵		特 征 向 量		特 征 值
XX^{T}	$\rightarrow$	U	&	Σ^2
$X^{\mathrm{T}}X$	$\rightarrow$	V	&	Σ^2
$\begin{pmatrix} 0 & X \\ X^{\mathrm{T}} & 0 \end{pmatrix}$	$\rightarrow$	$\dfrac{1}{\sqrt{2}}\begin{pmatrix} U_+ & \sqrt{2}U_0 & -U_+ \\ V & 0 & V \end{pmatrix}$	&	$\begin{pmatrix} \Sigma & & \\ & 0 & \\ & & -\Sigma \end{pmatrix}$

注：其中，U_+ 是由正奇异值的奇异向量组成的矩阵；U_0 是由零奇异值的奇异向量组成的矩阵。

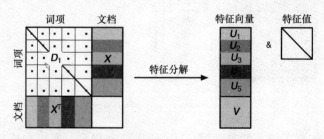

图 2.6 带有词对齐信息的分块矩阵的特征分解产生了更强的跨语言词汇的关系

为D_1增加信息的方法有很多种。最简单的方法包括咨询字典和填充块：如果第i行、第j列的词项［数对(i,j)］出现在字典中的话，则$D_{ij}=1$，反之则$D_{ij}=0$。另一种曾经在 Bader 和 Chew（2008）提出的方法中应用过的是，计算两个词项在同一个语料库的同一个文档中共同出现的次数（Pairwise Mutual Information，以下简记为 PMI）。这种思想是基于统计机器翻译（Statistical Machine Translation，SMT）的。为了保持矩阵的稀疏性，我们保留在两个方向上都获得最高 PMI 值的数对(i,j)。由于结果中得到的矩阵并不是对称矩阵，而为了得到实特征值，矩阵D_1必须是对称的，我们应用 Sinkhorn 平衡方法将矩阵对称化。Sinkhorn 平衡方法也可以用来平衡词项之间的贡献。标准的 Sinkhorn 平衡方法将行和列的和归一化，但我们使用一种改进的方法，这种方法能将D_1的每一行、每一列变为单位长度。这种改进比创建一个双随机矩阵具有更好的结果，因此我们将这种方法称为词对齐的 LSA（LSA with Term Alignments，LSATA）。

通过在对角块中加入词对齐信息，我们加强了通常由 LSA 中平行语料库的奇异值分解所发现的词共现信息。为了能够从数学上理解这种方法，我们对U和V进行了调整，下面给出了一个迭代方法：

$$U_{new} = D_1 U + XV \tag{2.6}$$
$$V_{new} = X^{\mathrm{T}} U \tag{2.7}$$

其中，XV和$X^{\mathrm{T}}U$是 LSA 中的常见关系，但D_1U却并不常见，在这里它加强了词汇之间的关系，使其更加区别于外部信息（此处必须注意到，在我们的方法中，信息并不是外部的，它是我们通过词项-文档矩阵的同一个语料库而得到的）。图 2.7 清楚地给出了它的图形解释，在U的一个概念向量中，词项"house"主导了西班牙语和法语中相应的词，在与D_1相乘之后，这三个词之间的关系被加强了，这三个词含有了相同的含义。

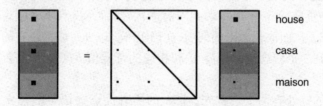

图 2.7　词对齐矩阵D_1通过 LSA 加强了U中跨语言词汇的关系

这种现象使我们有了另一种猜想：矩阵D_1的权重与X相关。相对于矩阵X，如果D_1太小，则D_1带来的影响就微不足道了，反之，则情况相反。所以，D_1和X必须在数值上是平衡的，比如让D_1与某些参数β相乘。对于我们的语料库和D_1（Sinkhorn 平衡方法 PMI 得到）与X（$\alpha=1.8$的 log- 熵方法得到）的特定扩展，经验告诉我们$\beta=12$可以提供良好的结果。或者是，β可由周期的平衡D_1U和XV的

贡献得到 [见式 (2.6) ~ 式 (2.7)]，其中一个方法是

$$\beta = \frac{||XV||_F}{||D_1||_F} \tag{2.8}$$

在算法上，β 可以在一个特征值之内迭代或是在外部循环遍历特征值直到 β 收敛于一个常数为止。

按经验来说，使用一个秩为 300 的 LSATA 模型，β 取值为 12 的时候可以得到：一个平均的 P1 值为 91.8%、平均的 MP5 值为 80.7%。以这个矩阵为代表，相对于 PARAFAC2 来说，我们在 P1 和 MP5 上都有了小小的提升，虽然这个提升很小，但是却具有很大的意义（p 值分别为 1×10^{-4} 和 4×10^{-3}）。

2.8　潜在形态语义分析（LMSA）

在 Chew 等人 (2008b) 的研究中，他们通过向量空间模型来研究跨语言检索的替代公式。我们的研究结果显示，阿拉伯语和俄语相对于英语、法语和西班牙语具有较低的 P1 值。这与阿拉伯语和俄语是否是源或目标查询语言无关，这种现象存在于我们所有的技术中。这种现象给出了问题的语言描述和相应的语言解决方案。

就像前面讨论过的那样，实验所用的语言涵盖了独立的或合成的语言。阿拉伯语和俄语是合成的语言，它们使用单词的变形和后缀来表达不同的意义，这意味着这些语言具有更独特的词项（见表 2.1）。比如在英语中，walk、walks、walking 和 walked 相应地分散在 X 的不同行中。这些词的词共现也显示它们是不相关的。而在阿拉伯语和俄语中，甚至可以出现更加令人无法理解的现象。

为了解决这个问题，我们已经开发出一种更为复杂的形态来替代 LSA，我们称为潜在形态语义分析（Latent Morpho-Semantic Analysis，LMSA）[Chew 等人 (2008b)]。在这种技术中，我们对语言进行统计分析来识别字符 n-gram 的标记（最大化所有不重叠的 n-gram 中的共同信息）。然后，我们使用这些标记形成一个词素-文档矩阵，从而取代原来的词项-文档矩阵，以 log-熵标注它的权值，并应用奇异值分解得到一个概念语素矩阵 U 和相应的奇异值 S（随后将会在标准方法中使用到）。

这种方法的好处有两个。首先，LSA 的所有优点（语言的独立性、执行的速度、快速的运行处理）都被保留了下来。其次，我们可以更加容易地处理新文档中不包含在词汇表中的词项，因为它们将被分解为构成它们的词素，而词素则更有可能成为训练集中的代表。我们的方法与词干有关，包括保留在词素-文档矩阵中这个词的所有部分，而不仅仅是指词干。此外，这个过程是通过对语言的统计分析来完成的，所以不需要专业的语言知识。

运用一个秩为 300 的 LSMA 模型，可以得到平均的 P1 值为 88.7%，平均的 MP5 值为 73.7%。与 Tucker1 张量技术有关的性能指标发生的变化：P1 没有太大

的变化，但 MP5（p 的值为 5×10^{-3}）却有了小幅度（2.4%）的提升。

2.9　词对齐的 LMSA

随着 LMSA 的发展，我们很自然地想到了词对齐的 LMSA，我们称为 LMSATA。它与 LSATA 的框架相同，只不过是把词项换成了词素。词素对齐使用的是如同 LSATA 一样的交互信息。2×2 的分块矩阵将由词素对齐矩阵 $\boldsymbol{D}_1(\beta = 12)$ 和 log-熵权重得到的词素-文档矩阵 $\boldsymbol{X}$ 组成。对这个矩阵的对角化使我们得到了每一种语言提取的 $\boldsymbol{U}$ 矩阵的特征向量。

使用一个秩为 300 的 LMSATA 模型，可以得到平均的 P1 值为 94.6%，平均的 MP5 值为 81.7%。与前面介绍过的表现最好的方法 LSATA 相比，此方法在 P1（p 的值为 5.1×10^{-8}）上有了一个很大的提升，在 MP5（p 的值为 0.18）上则有了一个很小的提升，但是这个提升却很有意义。

2.10　对技术和结果的讨论

表 2.3 中呈现了上面所述的所有方法的结果。需要指出的是，许多来自标准信息检索和计算语言学的技术合并起来后可以表现出更高的多语言准确率（MP5）。事实上，到目前为止我们提到的最好的方法是 LMSATA，它是很多技术的集合，包括：（1）运用来自机器翻译技术的语言的词法形态分析；（2）潜在语义分析技术，包括利用奇异值分解降维；（3）同时对词项共现和词项-词项之间的对齐进行分析的线性代数技术。

我们很难对这些技术就计算性能方面进行对比，因为它们不是运行在单个机器上的，有些是并行代码，有些则是由 MATLAB 来实现的。总体来讲，基于奇异值分解的技术是相对较快的，比如 LSA 和 LMSA；基于特征值的方法则需要更多的时间来处理大规模的矩阵和进行词对齐，比如 LSATA 和 LMSATA；基于张量的技术是最慢的，因为它们的数据是由一个大规模的三维数组组织的。LMSA 和 LMSATA 的标记增加了额外的步骤，同时也增加了对于训练集和测试集进行处理的时间，由此产生的词素-文档矩阵是最小的，但也是最密集的。

表 2.3　所有技术的整体结果

方　　法	平均的 P1 值	平均的 MP5 值
SVD/LSA（$\alpha = 1.0$）	76.0%	26.1%
SVD/LSA（$\alpha = 1.8$）	88.0%	65.7%
Tucker1	89.5%	71.3%
PARAFAC2	89.8%	78.5%
LSATA	91.8%	80.7%

（续）

方　　法	平均的 P1 值	平均的 MP5 值
LMSA	88.7%	73.7%
LMSATA	94.6%	81.7%

　　当该框架实现较高的多语言准确率（大概是 90%）时，我们做了一个可能的可视化表示。我们通过对语言进行颜色编码的方法将对《圣经》处理后的结果展示在了图 2.8 和图 2.9 的二维空间中。需要注意的是，书中的词首先是根据其在其他语言中的同义词来聚类的，然后才是根据包含这些词的书进行聚类。特别地，图 2.9 显示 John 和 Acts 紧紧地聚集在了一起，同时也有一些混合在 Matthew、Mark、Luke 中⊖，这似乎是合理的，圣经学者称这三卷为对观福音书，因为它们共享类似的观点。图中显示的效果只有在多语言准确率非常高的时候才可能出现。总之，这些技术让我们在只关注话题的情况下，有效地分解出各种语言。

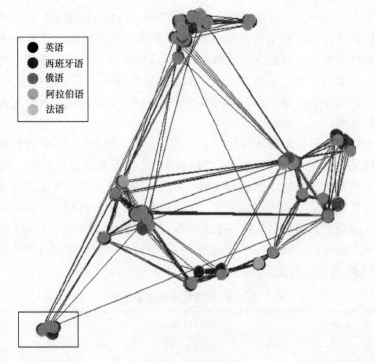

英语
西班牙语
俄语
阿拉伯语
法语

图 2.8　多种语言版本的《圣经》中各卷的可视化聚类表示（矩形区域的细节如图 2.9 所示）

⊖　John 是指《圣经》中的《约翰福音》，Acts 是指《使徒行传》，Matthew 是指《马太福音》，Mark 是指《马可福音》，Luke 是指《路加福音》。——编辑注

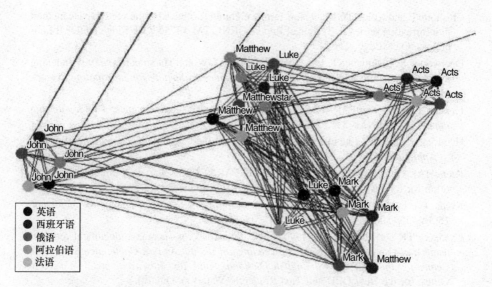

图 2.9　多种语言版本的《圣经》中各卷的可视化聚类表示（局部）

参考文献

Bader BW and Chew PA 2008 Enhancing multilingual latent semantic analysis with term alignment information. *COLING 2008*.

Bader BW and Kolda TG 2006 Algorithm 862: MATLAB tensor classes for fast algorithm prototyping. *ACM Transactions on Mathematical Software* **32**(4), 635–653.

Bader BW and Kolda TG 2007a Efficient MATLAB computations with sparse and factored tensors. *SIAM Journal on Scientific Computing* **30**(1), 205–231.

Bader BW and Kolda TG 2007b Tensor toolbox for MATLAB, version 2.2. `http://csmr.ca.sandia.gov/~tgkolda/TensorToolbox/`.

Brown PF, Della Pietra VJ, Della Pietra SA and Mercer RL 1994 The mathematics of statistical machine translation: Parameter estimation. *Computational Linguistics* **19**(2), 263–311.

Chew P and Abdelali A 2007 Benefits of the massively parallel Rosetta Stone: Cross-language information retrieval with over 30 languages. *Proceedings of the Association for Computational Linguistics*, pp. 872–879.

Chew P, Kegelmeyer P, Bader B and Abdelali A 2008a The knowledge of good and evil: Multilingual ideology classification with PARAFAC2 and machine learning. *Language Forum* **34**(1), 37–52.

Chew PA, Bader BW and Abdelali A 2008b Latent morpho-semantic analysis: Multilingual information retrieval with character n-grams and mutual information. *COLING 2008*.

Chew PA, Bader BW, Kolda TG and Abdelali A 2007 Cross-language information retrieval using PARAFAC2. *KDD'07: Proceedings of the 13th ACM SIGKDD International Conference on Knowledge Discovery and Data Mining*, pp. 143–152. ACM Press, New York.

Chisholm E and Kolda TG 1999 New term weighting formulas for the vector space method in information retrieval. Technical Report ORNL-TM-13756, Oak Ridge National Laboratory, Oak Ridge, TN.

Deerwester SC, Dumais ST, Landauer TK, Furnas GW and Harshman RA 1990 Indexing by latent semantic analysis. *Journal of the American Society for Information Science* **41**(6), 391–407.

Harshman RA 1972 PARAFAC2: Mathematical and technical notes. *UCLA Working Papers in Phonetics* **22**, 30–47.

Hendrickson B 2007 Latent semantic analysis and Fiedler retrieval. *Linear Algebra and its Applications* **421**(2–3), 345–355.

Kiers HAL, Ten Berge JMF and Bro R 1999 PARAFAC2 – Part I. A direct fitting algorithm for the PARAFAC2 model. *Journal of Chemometrics* **13**(3–4), 275–294.

Kolda TG and Bader BW 2009 Tensor decompositions and applications. *SIAM Review* **15**(3), 455–500.

Landauer TK and Littman ML 1990 Fully automatic cross-language document retrieval using latent semantic indexing. *Proceedings of the 6th Annual Conference of the UW Centre for the New Oxford English Dictionary and Text Research*, pp. 31–38, UW Centre for the New OED and Text Research, Waterloo, Ontario.

Payne TE 1997 *Describing Morphosyntax: A guide for field linguists*. Cambridge University Press, Cambridge, UK.

Salton G 1968 *Automatic Information Organization and Retrieval*. McGraw-Hill, New York.

Salton G and McGill M 1983 *Introduction to Modern Information Retrieval*. McGraw-Hill, New York.

Sinkhorn R 1964 A relation between arbitrary positive matrices and doubly stochastic matrices. *Annals of Mathematical Statistics* **35**(2), 876–879.

Tucker LR 1966 Some mathematical notes on three-mode factor analysis. *Psychometrika* **31**, 279–311.

Young P 1994 *Cross language information retrieval using latent semantic indexing*. Master's thesis University of Knoxville Knoxville, TN.

Zipf GK 1935 *The Psychobiology of Language*. Houghton-Mifflin, Boston, MA.

第3章 使用机器学习算法对基于内容的垃圾邮件进行分类

Eric P. Jiang

3.1 简介

随着互联网的迅速发展以及计算机技术的进步，电子邮件可以便捷地供人们交流和交换信息，成为人们在商务和个人之间处理事物的首选方式。近年来，大量的垃圾邮件和不受欢迎的信息却使得电子邮件的实用性和可信度大幅度降低。对于邮件使用者来说，大量不受欢迎的信息涌入了他们的邮箱，这已成为一项很严重的困扰。现在，它已经演变成传播网络欺诈信息和恶意病毒的主要途径。从降低商业生产效率和提高技术成本上来讲，仅在美国每年处理垃圾邮件的开销就达到了数百亿美元（http://www.spamlaws.com/spam-stats.html）。全球垃圾邮件的总量正在迅速增加，2008年的第一季，在互联网上传播的信息中，每十条中至少有九条是垃圾邮件（http://www.net-security.org/）。

数年来，人们已开发出了许多具有垃圾邮件过滤技术和反垃圾邮件的软件产品。广泛使用的一种方法是：在TCP/IP或SMTP层检测和拦截垃圾邮件，该方法可能是依赖于已知的产生垃圾邮件的域名DNS黑名单。尽管如此，垃圾邮件的传播者却依然可以注册数百个像Hotmail和Gmail这样的免费网络邮件服务，然后在一个垃圾邮件活动中，每隔几分钟地循环使用它们；由于域名DNS黑名单缺乏准确性，因此这种方法无法拦截所有的垃圾邮件。另一种主要的垃圾邮件过滤技术是工作在客户端层的。一旦一封电子邮件信息被下载，它的内容将会被检查，以确定其信息是否合法。一些检测机器学习算法已用于客户端垃圾邮件的检测和过滤。在这些算法之中，朴素贝叶斯［Mitchell（1997）；Sahami等人（1998）］，基于Logit-Boost的提高算法［Androutsopoulos等人（2004）；Friedman等人（2000）］，支持向量机（Support Vector Machines，SVMs）［Christianni和Shawe-Taylor（2000）；Drucker等人（1999）］，类似k-nearest neighbor基于样本的算法［Aha和Albert（1991）］，以及Rocchio分类［Rocchio（1997）］等常常被引用。最近人们还开发了一些有趣的用于垃圾邮件过滤的算法。一部分使用增广的潜在语义索引（Latent Semantic Indexing，LSI）空间模型［Jiang（2006）］，另一部分则是应用了径向基函数（Radial Basis Function，RBF）神经网络［Jiang（2007）］。

为了对垃圾邮件过滤技术的应用进行评价性的研究，本章考虑了五个监督机器学习算法。这项研究选择的算法包括：已广泛使用的，且有较好分类结果的算法，以及一些最近提出的算法。更具体地说，我们评估这五种分类算法：朴素贝叶斯（NB）分类器，支持向量机（SVMs）、LogitBoost（LB）算法、增广的潜在语义索引空间（LSI）模型和径向基函数（RBF）网络。

因为将合法邮件误判为垃圾邮件（一个误报⊖错误）的代价往往要比将垃圾邮件误判为合法邮件（一个漏报⊖错误）的代价大，所以垃圾邮件过滤是一项代价敏感的分类工作。最近，有一些研究工作［Androutsopoulos 等人（2004）；Zhang 等人（2004）］将机器学习技术应用于垃圾邮件过滤中。这些研究使用常数 λ 来衡量误报误差的较高成本，并通过一系列的代价敏感调整策略，将 λ 值或函数整合到垃圾邮件过滤算法中，以此来进行评估。通过提高垃圾邮件可信度分数中的算法阈值来增加合法训练样本的权重，使用交叉验证、凭经验调整算法的决定阈值可以实现上述目标。在研究中，不同的调整策略可以用于不同的算法。由于所有的算法在设计之初都是针对代价不敏感的任务，所以在算法中应用如此简单的代价敏感调整会产生不可靠的结果。我们已经发现了这个不足，对于某些算法，在一部分调整测试中，我们的研究工作只给出了最好的结果。

这一章提供了相关研究：从不同的角度来研究垃圾邮件过滤技术中的五种机器学习算法。研究的主要目的是：了解算法是否适用且可用于代价敏感的邮件分类问题，判断这种适用和可用性达到了一个什么样的程度，以及识别出算法适用性中最需要的特征。在这项研究中，我们选择两个评估基准邮件的测试语料库来做实验，这两个语料库分别创建自两种不同的语言，在训练数据中垃圾邮件数量与合格邮件数量的比例相反。我们还会改变特征的规模，以此来分析这些算法中特征选择的有效性。

本章接下来的部分如下所述。在 3.2 节中，简要介绍了五种机器学习算法在垃圾邮件过滤应用程序中的使用情况。在 3.3 节中，讨论了一些包括特征选择和信息表示在内的数据预处理程序。垃圾邮件过滤是一项代价敏感的分类工作，在 3.4 节中包含了我们对有效措施的相关讨论。我们使用两种普遍的邮件测试语料库来对这些算法进行比较。在第 3.5 节中，我们展示了这些实验的结果和分析情况。在第 3.6 节中，我们展示了五种分类器特点的实证比较。最后，在第 3.7 节中提供了一些结束语。

3.2　机器学习算法

垃圾邮件过滤是一种包含两种类型的自动文本分类器的应用。一些用于文本分类器［Sebastiani（2002）］的机器学习算法也可以用于垃圾邮件过滤。给定一组经

⊖ 原文为 false positive，表示分类错误，即本来是负样本的，却分类成正样本，通常叫误报。——编辑注
⊖ 原文为 false negative，表示分类错误，即本来是正样本的，却分类成负样本，通常叫漏报。——编辑注

过标记的电子邮件样本，这些算法可以从样本中学习，并基于它们的内容将之前未看见的邮件进行分类。用于垃圾邮件过滤的算法中取得较好效果的包括：NB、LB、SVM、增广的 LSI 和 RBF。它们均被包含在这项研究中，在本节中我们将会简要介绍。

在这一章中，我们使用 $D = \{d_1, d_2, \cdots, d_n\}$ 来表示一个大小为 n 的邮件样本训练集，$C = \{c_l, c_s\}$ 来表示邮件类别（c_l：合法邮件；c_s：垃圾邮件）。我们假设每个邮件的信息 d_i 可以表示为一个数字向量，以 $d_i = (t_1, t_2, \cdots, t_m) \in \mathbf{R}^n$（参见3.3.2 节）代表词项或特征的权重。

3.2.1　朴素贝叶斯

朴素贝叶斯（NB）分类器是一个基于贝叶斯决策理论［Mitchell（2008）］的概率学习算法。消息 d 出现在类 c 中的概率 $P(c|d)$ 由以下方式计算：

$$P(c|d) \propto P(c) \prod_{k=1}^{m} P(t_k|c) \tag{3.1}$$

其中，$P(t_k|c)$ 是特征 t_k 出现在类 c 所在消息中的条件概率；$P(c)$ 是消息出现在类 c 中的先验概率。$P(t_k|c)$ 可以用来衡量 t_k 有多少证据可以证明 c 是正确的类［Manning 等人（2008）］。在邮件分类中，消息的类是通过寻找最相似或最大化一个后验类（Maximum a Posteriori，MAP）来决定的，c_{MAP} 由以下公式计算：

$$c_{MAP} = \arg \max_{c \in \{c_l, c_s\}} P(c|d) = \arg \max_{c \in \{c_l, c_s\}} P(c) \prod_{k=1}^{m} P(t_k|c) \tag{3.2}$$

由于式（3.2）中包括了许多条件概率的乘积，每一个对应一个特征，因此计算结果将导致浮点下溢。实际上，概率的乘积常常可以转换为概率的对数的加法，因此，式（3.2）的最大化可以表示成如下格式：

$$c_{MAP} = \arg \max_{c \in \{c_l, c_s\}} \left[\log P(c) + \sum_{k=1}^{m} \log P(t_k|c) \right] \tag{3.3}$$

所有模型的参数（例如类的先验和特征概率分布），都可以用训练集 D 中的相关概率进行评估。注意到当一个给定的类和消息特征没有在训练集 D 中一起出现时，相应基于频率的概率估计将会是 0，这将会导致式（3.3）的右边不确定。通过在所有概率评估中合并一些类似于拉普拉斯平滑这样的修正部分，可以使这个问题得到缓解。

NB 是一个简单的概率学习模型，利用线性复杂度可以高效率地完成。它使用了一个简单的假设：类中的特征互相独立。这个过于简单的假设常常是错误的（尤其是在文本域的问题上），尽管如此，NB 仍然是一种使用得最广泛的分类器之一，并且拥有一些可以使它特别有用和准确的属性［Zhang 等人（2004）］。

3.2.2　LogitBoost

LogitBoost（LB）是一种加速算法，它完成了前向分段建模以累积逻辑回归［Friedman 等人（2000）］。就像其他的加速算法一样，LB 也是一种反复添加基础模型或者是相同类型的学习算法，每一个新模型的创建都会受到之前模型性能的影响。它通过为所有训练样本分配权重和反复更新权重来完成任务。假设f_m是第m个基础学习算法，$f_m(d)$是消息d的预测值。在f_m被创建并且加入之后，训练样本的权重将会通过以下方式更新：后续的基础学习算法f_{m+1}将会更加关注由f_m分类产生的复杂样本。在迭代过程中，对于已经构建的集合的反馈，利用一个 S 形函数来估计d出现在类c中的概率，这也被称作为 logit 转换，例如：

$$P(c\,|\,d) = \frac{\mathrm{e}^{F(d)}}{1 + \mathrm{e}^{F(d)}},\ F(d) = \frac{1}{2}\sum f_m(d) \tag{3.4}$$

一旦迭代结束，产生了最后的结果F，目标邮件信息的分类便由式（3.4）中的概率决定。

对于 LB 来说，一种通用的基础学习算法的选择是决策树桩（也称单层决策树），它是一种单层的决策树：利用训练数据中的属性将训练样本分类。在文本分类中，自从我们处理了连续的属性后，决策树实际上成了一个数据属性中的阈值函数，因此它成了一个回归树桩［Androutsopoulos 等人（2004）］。这就表明：如果每一个基础学习算法f_m由最小化加权训练数据［Witten 和 Frank（2005）］的拟合回归平方误差来决定，则 LB 算法就能将有关整体集合的数据概率最大化。模型的迭代次数m由使用者决定，我们设定它为 50，这是这项研究中最小的特征值规模。

3. 2. 3 支持向量机

支持向量机（SVMs）［Christianini 和 Shawe-Taylor（2000）］被认为是在文本分类中最有发展潜力的一种算法。将一个给定的样本空间转换成由非线性映射产生的一个线性可分的空间，该算法可通过线性模型来实现非线性映射。在转换空间中，一个 SVM 可以用来创建一个分离的超平面：最大化两类训练样本之间的距离。通过选择两个平行的超平面，并使每一个超平面至少正切于类中的一个样本来完成；这些正切超平面上的样本被称为支持向量。两个正切平面之间的距离被称为分类器间隔，这个间隔已被最大化，这也是为什么一个线性的 SVM 被称作最大化间隔分类器的原因。

假设第i次训练样本的类变量是$c_i = \{1,\ -1\}$，其中，1 代表垃圾邮件，-1代表合格邮件。在样本空间中，一个超平面可以表示为

$$w \cdot d + b = 0 \tag{3.5}$$

其中，w是一个垂直于超平面的向量；b是一个偏置项。如果给定的训练数据是线性可分的，我们可以选择两个超平面（它们之间不包含任何点），最大化超平面之间的距离（$2/\|w\|$）。间隔的最大化等价于解决以下的约束最小化问题：

$$\min_{w} \frac{\|w\|^2}{2},\ \text{s. t.}\quad c_i(w \cdot d_i + b) \geqslant 1 \tag{3.6}$$

对于式（3.6）中的优化问题，我们可以通过在新的目标函数中加入标准的拉格朗日乘数的方法来解决：

$$\frac{\|w\|^2}{2} - \sum_i \lambda_i [c_i (w \cdot d_i + b) - 1] \tag{3.7}$$

由于拉格朗日算符中涉及了大量的参数，可以通过如下方式得到简化：将式（3.7）中的拉格朗日算符转换成如下仅包含拉格朗日乘数的二元形式：

$$\max \sum_i \lambda_i - \frac{1}{2} \sum_{i,j} \lambda_i \lambda_j c_i c_j \cdot d_j, \text{ s. t. } \lambda_i \geqslant 0, \sum_i \lambda_i c_i = 0 \tag{3.8}$$

这种二元优化问题常常可以通过使用一些类似于序列最小优化算法 [Platt（1999）] 的数值二次编程技术来解决。式（3.8）中的 λ_i 用于定义判别边界：

$$\left(\sum_i \lambda_i c_i d_i \cdot d \right) + b = 0 \tag{3.9}$$

为了解决训练样本不能被完全分离、一些小的分类错误被允许的状况，软间隔方法（Soft margin method）被开发了出来，它可以选择一个超平面，旨在减少在判定边界最大化边缘宽度时所产生的错误数量。这种方法引入了一个值为正的松弛变量 ξ 来衡量一个样本中错误分类的程度，解决了以下修正过的优化问题：

$$\min_w \frac{\|w\|^2}{2} + C \sum_i \xi^i, \text{ s. t. } c_i (w \cdot d_i + b) \geqslant 1 - \xi_i \tag{3.10}$$

其中，使用了线性惩罚函数，C 是由用户定义的、用来决定容错级别的常数。在我们的试验中，取 $C = 1$。

以上描述的 SVM 可以扩展成一个非线性分类器。从概念上讲，由于我们可以将训练数据（无法找到线性判别边界）转换成一个新的特征空间，所以可以通过在转换空间中创建一个线性判别边界来分离数据。然而，这种特征转换方法也产生了一些关于高特征维数和高计算需求的问题。另一种方法则是通过应用类似于线性分类器的程序来创造非线性分类器，进而创建最大边际超平面，只不过是转换空间中的每个点积都被原始特征空间中的核函数所替代。运用内核计算点积与运用转换特征相比，其代价要小得多。目前，已经有许多不同的内核函数被研究者们提出来，从文本分类的角度来看，似乎包含一个简单线性内核的 SVM 与非线性的替代方案 [Joachims（1998）] 具有相同的效果。在我们的评估实验中，使用的是有线性内核的 SVM。

3.2.4　增广的潜在语义索引空间

潜在语义索引（LSI）[Deerwester 等人（1990）] 是一项著名的信息索引技术。通过奇异值分解（SVD）[Golub 和 van Loan（1996）] 来配置一个降阶特征文档空间，它可以高效地将独立文档转换成他们的语义内容向量，用来评估特征和文档的主要关联模式和减少特征使用中的模糊噪声。

对于垃圾邮件过滤，通过将类成员的概念替换为查询相关性的概念，LSI 可以当作学习算法使用。Gee（2003）记录了这种方法在 Ling-Spam 语料库中的试验，它创建了一个单独的 LSI 空间来适应垃圾邮件与合格邮件的训练数据。这个简单的应用有一些缺点 [Jiang（2006）]。LSI 本身是一个完全无监督的学习算法，当它被应用到（监督式）垃圾邮件过滤中时，嵌入在训练数据中的有价值的类别区分信息就需要被提取并整合到模型学习中，以提高分类的准确性。有许多方法可以实现这个目标。例如，我们可以通过浏览它们的类型分布（参见3.3节）来选择显著的特征，引进两个分离的LSI学习空间（分别对应两种邮件类别）。由于模型使用了SVD算法，所以特征选择将有助于减少计算需求。

对于一个给定的邮件训练集，使用它们各自类中的数据可以创建任何一个降阶空间，从概念上讲，较之一个简单的合并空间，它将提供一个更精确的类内容轮廓。实际上，由于许多垃圾邮件都被刻意地精心制作与包装，使其看起来是合法的，这就误导了垃圾邮件过滤器，所以这个二元空间的方法在对一些邮件信息进行分类时仍会遇到困难，这在我们的扩展实验中已经得到了验证。为了改善这个问题，Jiang（2006）提出了一个使用扩展LSI学习空间的新模型。更确切地说，对于每一个创建的类LSI空间，这个模型用一小部分的训练样本扩展空间，这些样本在外表上很接近该类，但实际上却是属于另一类的。这个增广的LSI空间模型可以高效地帮助这些困难的目标信息进行正确分类，这些信息类似于我们在训练中所使用的增广样本，同时也保持了精确分类的其他信息。

增广训练样本的扩展由集群因子实现。对于每一个邮件类，我们创建一个或多个集群。对于每一个集群c_j，它的因子由以下方式计算：

$$a_{c_j} = \frac{1}{k} \sum_{i=1}^{k} d_{n_i} \quad (d_{n_i} \in c_j) \tag{3.11}$$

上式可以用来代表在集群中的最重要的主题。一旦一个类c中的集群因子被确定，其他类中的所有训练样本就可以与该因子做比较，最相似的那些则将被挑选出来并被添加到训练集c中。选择集群和一个类的增广样本规模取决于学习的数据。也可以通过一个给定的训练数据集轮廓图来设置集群的规模［Kaufman和Rousseeuw（1990）］。在实验中，我们在语料库PU1中设定增广样本的规模为18，而在语料库ZH1中，我们定为70（见3.5节）。

为了能够使用两种分离的增广LSI空间来进行分类，Jiang（2006）思考并评估了一些方法，在它们各自的类中对目标邮件信息进行协调与分类。对于一个给定的目标信息，第一个方法仅仅是将它创建到两个LSI空间中，然后使用语义最接近的训练样本来决定信息的类。第二个方法是用相似的途径对信息进行分类，但是先通过在空间中应用一定数量的相似度排名最靠前的训练样本，然后使用两个类中计算的相似值的总数或者是平均值来完成分类的决定。第三个方法是一种综合方法，它综合了前两种方法的思想，也减弱了它们之中的一些缺点。从本质上来讲，它通过线性平衡由前两种方法产生的决策来决定目标信息的类。实验表明：一般来说，综合方法产生了一个明显较好的分类结果［Jiang（2006）］，而也已被应用于研究中。

3.2.5　径向基函数网络

RBF（径向基函数）网络在科学和工程中有许多应用，也可以用于为过滤垃圾

邮件建立学习模型 ［Jiang (2007)］。一个典型的 RBF 网络有一个三层的前馈连接结构：输入层、隐含层（非线性处理神经元）、输出层 ［Bishop (1995)］。对于电子邮件分类，网络的输入层有 n 个神经元，它需要输入训练样本 d。隐含层含有 k 个计算神经元，每一个神经元在数学上都可以被描述成一个 RBF ϕ_i，它将欧几里得范数中的两个向量之间的距离映射成一个实际值：

$$\phi_i(x) = \phi(\|x - a_i\|_2) \quad (i = 1, 2, \cdots, k) \tag{3.12}$$

其中，a_i 是在输入样本空间中的 RBF 中心；一般来说，k 小于训练样本的规模。网络的输出层有两个神经元，通过如下方式产生目标信息类：

$$c_j = \sum_{i=1}^{k} w_{ij} \phi_i(x) \quad (j = 1, 2) \tag{3.13}$$

其中，w_{ij} 是连接隐含层中第 i 个神经元到输出层中第 j 个神经元的权重。神经元激励 ϕ_i 是一个关于距离的非线性函数；距离越近，激励越强。最常用的基函数是高斯函数：

$$\phi(x) = e^{-\frac{x^2}{2\sigma^2}} \tag{3.14}$$

其中，σ 是一个控制基函数平滑属性的宽度参数。

　　在垃圾邮件过滤模型中 ［Jiang (2007)］，诸如中心、宽度和高度这样的网络参数都由计算高效的两个阶段的训练过程来设置的。训练的第一阶段是在 RBF 的参数方面，在输入空间中表征密度分布。中心 a_i 和宽度 σ 是由相对快速和无监督的集群算法决定的，它们独立地聚集每个邮件类，为每一个类获得 k 基函数。一般而言，k 值越大，分类结果越好；当然，它在网络训练中所需要的代价也越高。利用在隐含层计算的和固定了的中心与宽度，训练的第二阶段用逻辑回归程序选择输出层的权重。一旦所有的网络参数都确定了，为了分类，模型就可以被部署到目标邮件信息中，如式（3.13）所示，通过一个隐含层的激励加权和，可以计算出网络的分类结果。

　　最近，Jiang (2009) 开发出了一个基于 RBF 的半监督文本分类器，它将一个基于集群的期望最大化算法整合到了 RBF 训练程序中，可以高效地从一个小数量的标记训练样本和大量的额外无标记数据中学习分类。

3.3　数据预处理

　　在这一节中，我们首先介绍一些包含特征选择和信息表示的数据预处理程序，然后讨论垃圾邮件过滤的分类效果度量。

3.3.1　特征选择

　　在一般的文本分类中，适当的特征选择在帮助邮件分类方面很有效。一个词项或者特征在邮件信息中常常以单词、数字或者图形的方式出现，在垃圾邮件过滤中，通过它们对分析合法邮件和垃圾信息所做的贡献来从训练样本中选择特征；为了模型学习和部署，将那些未选中的特征从数据中移除。特征选择的目的有两个：

一方面，是为了在信息特征空间中降维。降维的目的在于减少特征的数量然后建模，同时，各自信息的内容仍被保存下来，一般情况下，这可以加速模型训练过程。另一方面，特征选择旨在过滤掉不相关的特征，为垃圾邮件过滤建立一个精确有效的模型。这对于类似于 RBF 网络算法之类的一般机器学习算法特别有价值，因为 RBF 会在它们的距离计算中平等地对待每一个数据特征，因此从某种程度上说，它们无法从不相关的特征中区别出相关的特征。

在我们的实验中，采用了两步特征选择法。首先，对于一个给定的训练数据集，使用无监督的环境来提取和选择特征。通过移除停顿词汇和普通词汇，以及应用词干程序来达到这一目的。由于带有低信息频率或低语料库频率的特征在分类的消息区分上不能提供有力的帮助，甚至可能在邮件分类上添加一些模糊噪声，所以这些特征将会从训练数据中移除。在具有高频率语料库的特征中，有一些在垃圾邮件类与合法邮件类中的分布几乎是一样的，而且它们在邮件类别表征中的作用可能不大，所以选择程序也会从训练数据中移除这些特征。第二步，特征选择是通过它们在垃圾邮件与合法邮件的训练信息中的频率分布来实现的。这个监督式特征选择程序旨在使用那些标记的训练样本，进一步确定在类之间分布最有差异的特征。

人们在文本分类中广泛使用了一些监督式特征选择方法 [Sebastiani（2002）]。包括卡方统计（Chi-square statistic，CHI）、信息增益（Information Gain，IG）和比值比准则（Odds Ratio，OR）。IG 标准通过信息中特征存在或不存在的知识，为类别预测量化信息增益的数量。更准确地说，关于类 c 的特征 t 的 IG 可以描述为

$$IG(t,c) = \sum_{c' \in \{c, \bar{c}\}} \sum_{t' \in \{t, \bar{t}\}} P(t', c') \log \frac{P(t', c')}{P(t')P(c')} \tag{3.15}$$

其中，$P(c')$ 和 $P(t')$ 分别表示信息属于类 c' 的概率和特征 t' 出现在信息中的概率；$P(t', c')$ 是 t' 和 c' 的联合概率。所有的概率都可以通过训练数据计数产生的频率估计得到。另一种很普遍的特征选择方法是卡方统计，它衡量出现类 c 与出现特征 t 之间的独立缺失度。换句话说，特征的排名会与数量有关，即

$$CHI(t,c) = \frac{n [P(t,c) P(\bar{t}, \bar{c}) - P(t, \bar{c}) P(\bar{t}, c)]^2}{P(t) P(\bar{t}) P(c) P(\bar{c})} \tag{3.16}$$

其中，n 是训练数据 D（见 3.2 节）的大小；概率符号与式（3.15）具有相同的解释，例如，$P(\bar{c})$ 代表信息不属于类 c 的可能性。第三种特征选择标准 OR，也被应用到了文本分类中，它衡量词项 t 出现在类 c 的一个信息中的概率与该词项不出现在类 c 中的概率的比值，可以被定义为如下形式：

$$OR(t,c) = \frac{P(t|c)(1 - P(t|\bar{c}))}{(1 - P(t|c))P(t|\bar{c})} \tag{3.17}$$

我们研究和比较了用于文本分类的特征选择方法的效率，例如，由 Yang 和 Pederson（1997）提出的，在这项研究中他们也演示了具有以上描述标准的实验。

在这三种特征选择方法中，我们的实验表明：IG 方法能够产生更稳定的分类结果，所以我们在选择过程中使用它。

通过特征选择，一个训练数据集的特征维度将会明显减少。例如，在使用 PU1 语料库的实验中（见 3.5.1 节），语料库的原始特征规模超过 20 000 个，可以减少到数千个、数百个，甚至是数十个。

3.3.2　信息表示

在进行完特征选择之后，每一个信息被编码成一个数值向量，其中的元素都是保留的特征集的值。每一个特征值都与局部和全局特征权值有关，分别代表该特征在信息中的相对重要性和该特征在语料库中的整体重要性。我们的实验表明：在邮件分类的内容中，特征频率较之简单的二进制编码［例如，在 Zhang 等人（2004）的研究中曾经使用过］携带了更多的信息。

基于它们的频率，有许多种方法来为一个特征或词项分配局部和整体的权值。对于一个给定的词项 t 和文档 d，传统的"$\log(tf)\text{-}idf$"词项权重的定义方式如下：

$$w_{t,d} = \log(1 + tf_{t,d}) \log \frac{|D|}{df_t} \tag{3.18}$$

其中，$tf_{t,d}$ 是 t 在 d 中的词项频率（term frequency，tf）；df_t 是 t 的文档频率（document frequency，df），或者说是在集合 D 中包含 t 的文档数量；$|D|$ 是集合的大小。式（3.18）右边的第二个组成部分代表 t 的逆文档频率（inverse document frequency，idf）。在这项研究中使用了这种词项权重方案，并且产生了很好的分类结果。

3.4　邮件分类的评估

通过准确率 p 和召回率 r 可以评估一个文本分类器的效率。作为分类器在类 c 上的应用，如果由分类器产生的类 c 的判定分别是 $tp^{\ominus}$、$fp^{\ominus}$ 和 $fn^{\ominus}$，则对准确率和召回率可以分别做如下定义：

$$p = \frac{tp}{tp + fp}, \quad r = \frac{tp}{tp + fn} \tag{3.19}$$

简而言之，准确率就是文档分类的结果与类 c 中正确结果的百分比，召回率就是由分类器提取的类 c 中正确文档的百分比。显而易见，这两项互相制约，唯一可以平衡这两项的方法是 F 值，它是准确率与召回率的加权调和平均。为准确率和召回率赋予相同的权值，我们常常使用的 F_1 值如下：

⊖　变量 tp（true positive，tp）表示被模型预测为正的正样本。——编辑注

⊖　变量 fp（false positive，fp）表示被模型预测为正的负样本。——编辑注

⊖　变量 fn（false negative，fn）表示被模型预测为负的正样本。——编辑注

$$F_1 = \frac{2pr}{p + r} \qquad (3.20)$$

所有这些高效的方法都未将可能的不平衡误分类代价考虑在内。严格来说，垃圾邮件过滤是一个代价敏感的学习过程：与误将垃圾信息分类为合格信息（漏报）相比，误将合格信息分类为垃圾信息（误报）是一个更严重的错误。实际上，如果一个合格信息被错误分类，并被放到了用户的垃圾邮箱中，然后用户在很长的一段时间内都没有找到它，推迟读到信息将会产生许多负面的后果，这将取决于这则消息的重要性。在我们的实验中，一个精确的方法是：使用权重 λ 来反映误报和漏报之间的不平衡代价，或者是将加权精度（Weighted Accuracy，WA）［Androutsopoulos 等人（2004）］作为有效准则来使用，它的定义如下：

$$WA(\lambda) = \frac{\lambda tn + tp}{\lambda(tn + fp) + (tp + fn)} \qquad (3.21)$$

其中，tp、fp 和 fn 与在式（3.19）中的意义一样；tn（true negative，tn）表示垃圾信息被正确分类的数量；λ 是代价参数。WA 公式假设：一个误报错误的代价是一个漏报错误代价的 λ 倍。当误报与漏报有相同代价时，我们设 $\lambda = 1$，当然，λ 值也可以大于 1，例如，$\lambda = 9$ 表明误报错误有更高的代价。因为高一些的代价可能会依赖于一些变化的外部因素，所以在垃圾邮件过滤中，该代价是否可以被一个简单的常数来量化，这个问题仍然存在争议。在这项研究中，我们设 $\lambda = 9$（或其他一些相似的数据），借此来说明：在强加一个代价敏感的条件下，算法的效率是否会改变，以及如何改变。

3.5　实验

在这一节中，我们使用两个基准邮件测试语料库来对在第 3.2 节中讨论过的五种机器学习算法（在垃圾邮件过滤方面的效率）进行比较，并且提供了实验结果和分析。值得注意的是，输入到分类器中的数据是经过特征选择和特征权值分配的预处理信息向量。

3.5.1　使用 PU1 的实验

PU1 是一个包含 1099 封真实邮件信息的基准评估垃圾邮件测试语料库，每一封邮件都是一个邮件接收者经过一段时间接收到的［Androutsopoulos 等人（2004）］，它被划分成 618 封合格邮件和 481 封垃圾邮件。语料库中的信息已经过预处理：所有的附件、HTML 标签和头文件，包括主题行都被移除；为了保护隐私，对邮件主题行和正文文本中的保留字都进行了数字编码。

有一些其他的公开可访问的垃圾邮件数据集，例如，可用于垃圾邮件过滤评估的 2005TREC 垃圾邮件语料库。然而，它们中的大部分是由多个不同的邮件资源或接收者合并得来的，一些比较大型的语料库则是通过简单地将一些新收集的邮件信息添加到已收集好的语料库中来创建的。鉴于可理解的隐私理由，对于信息技术的研究者来说，找到清晰连贯、可靠和自动更新的公共邮件数据是一项挑战，这反映在进行实验和产生有意义的、具有可比较性的测试结果时，一个普通邮箱用户接收到了什么。

在这项研究中，必须指出，我们仅使用邮件主题行和邮件主体文本作为邮件内容。这是一项在实验中所使用的语料库时强加的约束。这一章研究了机器学习算法直接应用于扩展的邮件内容中。之前的一些研究，例如，Zhang 等人（2004）提出，类似于邮件头信息这种来自其他邮件内容中的特征在垃圾邮件识别中确实很有用。因此，我们希望，如果可以使用包含邮件头信息的扩展内容，那么这一节中所展示的算法分类的精确度会进一步提高。

在 PU1 上进行的实验使用 10 倍交叉验证。这就说明：语料库被划分成 10 个相等大小的子集，每一次实验用一个子集来做测试，其他的留作训练；这个过程被重复 10 次，每一个子集轮流作测试。平均 10 次实验结果可以评估其效率，产生如式（3.21）所定义的平均加权精度。在实验中使用不同的特征规模，以步长 100 在 50～1650 之间变化。

在图 3.1($\lambda = 1$) 和图 3.2($\lambda = 9$) 中，分别展示了由平均加权精度衡量的所有特征规模的五种算法的分类效率。$\lambda = 1$ 的情况可反映在有少量类的代价不敏感学习下，算法的分类效果。图 3.1 显示：特征规模较小时 RBF 效果很好，对于 LB，在特征规模较大时，它产生的分类结果都不如其他三种算法精确。另一方面，LSI 表现出的特征则完全相反：在特征规模较小时，它产生的分类精确度最差；但在规模较大时，分类结果却有较好的精确度。可以观察到，在所有的特征规模中，NB、SVM 和 LB 都有相对稳定的结果，相对来说，NB 效果最好，紧接着是 SVM，LB 则稍差一些。

现在，我们来观察 $\lambda = 9$ 的情况，我们想使用生成的权重精度值来说明：当误报的代价大于漏报的代价或强加一个代价敏感的条件时，算法的精确结果是否会改变，以及如何改变。这些变化，如果存在的话，将最终依赖于算法是如何分析出合格消息和产生极小数量的误报。对于 NB 和 LB 分类器，这种情况下的精确度和图 3.1 中显示的没有明显的差别，相对地，它们的误报与它们的漏报数量相差无几。SVM 也有类似的实验效果。另一方面，由于 LSI 略优于 RBF，相对其他分类器来说，在一定程度上它只产生更少数量的误报，这使得它的精确值提高并成为效果最好的分类器。LSI 和 RBF 在它们错误数量的详细分析中表明：一个更丰富的特征集通常有助于分类描述合格信息，并提高分类的类别。但是这对于它们提高垃圾邮件分类的帮助并不大。对这个现象的一个合理解释是：这与各自邮件类中使用的词汇有关。它假定：垃圾邮件在一小部分特征集和类之间有强烈的一致性，合格邮件可能带有更多复杂的特点。对于少量的词汇，垃圾邮件类可以获得好的分类结果；但是合格邮件类则需要大量词汇，以及扩展特征的协助。

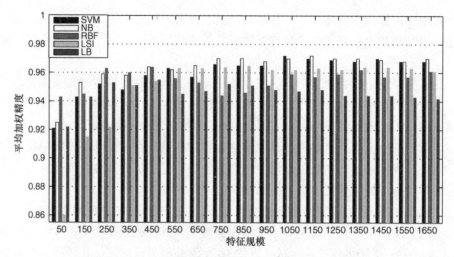

图 3.1 $\lambda = 1$ 的情况下平均加权分类精确度（PU1）

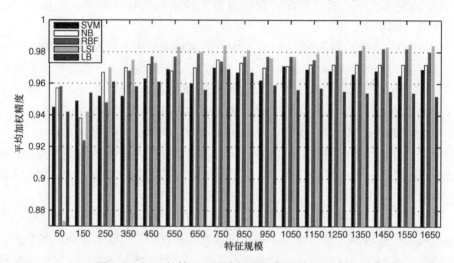

图 3.2 $\lambda = 9$ 的情况下平均加权分类精确度（PU1）

3.5.2 使用 ZH1 的实验

在这一小节中，我们展示了在一个中文的垃圾邮件语料库 ZH1 ［Zhang 等人（2004）］中，以上五种分类器的实验效果。这些实验旨在展示独立分类器在对用不同语言结构编写的邮件进行分类时的能力。中文不像英文那样有明确的单词边界，并且可以通过专业的词汇分割软件 ［Zhang 等人（2004）］ 将文本中的词汇提取出来。语料库 ZH1 的创建与 PU1 很相似，ZH1 是由 1205 个垃圾邮件信息和 428 个合格邮件信息组成，并且所有信息都被数字编码。值得注意的是，与 PU1 相比较，ZH1 语料库中垃圾邮件的数量多于合格邮件，这有助于通过类之间的不平衡训练样本的规模来检测分类器是否影响其模型学习，以及如何产生影响。使用 ZH1 的实验中用到了 10 倍交叉验证以及与 PU1 一样的特征集。

图 3.3 和图 3.4 分别显示了在 $\lambda = 1$ 和 $\lambda = 9$ 时，五种分类器在各种特征大小下平均加权精度的值。在误差分类代价相等的情况下（$\lambda = 1$），图 3.3 表明：在最多的特征规模下，SVM 和 LB 效果较好，LSI 其次，RBF 较差，很明显 NB 的效果最差。当误报错误代价更高时（$\lambda = 9$），对图 3.4 进行相同的观察：在所有特征规模大于 350 的情况下，LSI 和 RBF 变得比 LB 和 SVM 更具竞争力了。这四种分类器都取得了很高的分类精确度。

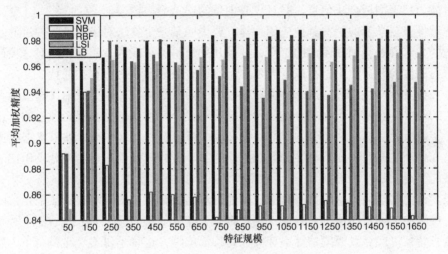

图 3.3　$\lambda = 1$ 的情况下平均加权分类精确度（ZH1）

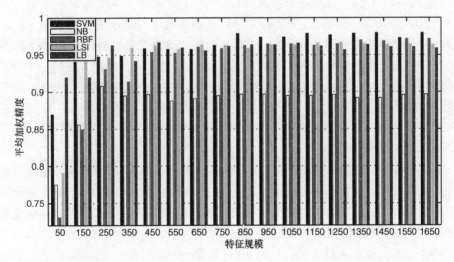

图 3.4　$\lambda = 9$ 的情况下平均加权分类精确度（ZH1）

3.6　分类器特点

与普通的文本分类器相比，垃圾邮件过滤代表一项特殊的、代价敏感的、非常具有挑战性的分类任务。它可以被分为两类，这两种类型的误分类错误的代价不同，许多垃圾邮件信息经过精心设计和细心制作使它们看起来像合格邮件信息。尽管垃圾邮件信息与合格邮件信息可能外形相似，但对于每一个邮件类来说，都存在一些不容忽视的、重要的、有差异的特点。例如，与垃圾邮件相比，合格邮件常常有更广泛的词汇，也可能有更折中的主题。在理想情况下，充分利用邮件类之间的潜在差异，可以成功地将机器学习算法应用到这种特殊的分类领域中，更重要的是它有能力精确剖析合法信息，并且仅有少量的误差分类错误。

就像机器学习的一些其他应用一样，要说明某一个算法对于垃圾邮件过滤是最合适的，将会是一项很困难的工作，并且几乎也是不可能的。然而，在对这项研究所进行的实验和分析中，在以下五项分类器调查中显示了一些有趣的特征。

朴素贝叶斯（NB）。这个分类器很简单，而且是这五种分类器中在模型学习中最快的一个，它适用于文本分类。因为算法假设个性特征是完全互相独立的，正如PU1实验所说明的，这个分类器受益于高效的特征选择。同样地，如果将它应用于一个在特征之间有明显依赖性的数据集中，则 NB 的效果会很差。对于 NB 在 ZH1 上性能不足的一个合理解释是：语料库所基于的语言（中文）问题。中文是一种有很多词汇的语言，从中文文档中正确地自动提取有意义的词汇或特征是异常困难的；许多中文词汇还是一词多义（词汇根据上下文会有许多不同的意义）。所有这些语言特征可能导致概率估计不准确和高特征依赖，这将不可避免地降低 NB 算法的执行效率。

LogitBoost（LB）。作为一个提高算法，LB 反复地结合多个简单基础学习算法（在此指决策树桩）形成高效分类器。尽管这些基础学习算法的结构很简单，可这一套创建过程还是需要很长的时间。LB 在文本分类或者是垃圾邮件过滤上取得的成功看似是依赖于数据集，但却常常能够产生很好的效果。这种方法的一个有趣且独特的特点是，它对于特征规模不存在依赖，况且较大的特征规模也不会有助于提高它分类的精确度。因此，一个相对较小的特征规模（例如，250），可能会被用于模型训练。最后，分类器描述或者剖析一个类别的学习能力似乎是受该类别的可用训练样本的规模影响的。

支持向量机（SVM）。根据一些先前的研究报告，SVM 是一个效果稳定的分类器，并且可以扩展到特征维度的使用上。在这项研究中，SVM 始终是效果最好或很有竞争力的一种分类器，特别是在代价不敏感的分类情况下。这项研究中使用的线性 SVM 在模型训练中也相对较快。

增广的潜在语义索引空间（LSI）。LSI 模型创建两个独立的降阶和增广的学习空间，每一个对应一个邮件类别。在这项研究中，该模型已被证明是一个很可靠的分类器，它始终产生很有竞争力的分类结果。这个模型很适用于代价敏感的垃圾邮件过滤，部分原因在于它集成聚类组件来创建增广的 LSI 空间。要想使这个分类器产生好的效果，常常需要特征规模大于或等于 500。如果特征规模变得很大，那么算法训练的开销也将会变得很大。

径向基函数网络（RBF）。基于 RBF 的分类器效果相当好，特别是当把它作为一个代价敏感的学习算法来评估时，这可能是由于网络训练的第一阶段使用了聚类过程。这个模型的效果似乎受聚类精确度的影响，此外，分类器似乎对特征规模敏感，因此应该尽量避免过度的特征选择。

总的来说，从代价敏感的垃圾邮件过滤的适应性来看，基于 LSI 和 RBF 的分类器在评估中展示了它们的优势。尽管它们是两个完全不同的机器学习算法，但它们却有一个共同的特点：在它们的模型训练中都使用了集群组件。由于聚类可以通过主题来组织信息，一个可积分的聚类过程可以从如下情况中获益：机器学习算法提高了它们剖析垃圾邮件的精确度（例如，有大量词汇的类），以及减少误报错误的数量。

3.7　结束语

在这一章中，针对垃圾邮件过滤而提出的五种机器学习算法，本文提出了一项评估研究。本章对这些算法进行了以下描述：利用各种特征规模对它们进行比较，通过一项高效率的特征选择程序来进行检测，在用两种不同语言创建的一些基准垃圾邮件测试语料库上进行实验。特别的，这项研究评估了算法对于代价敏感的垃圾邮件过滤的适应性，就这一点而言，基于增广的 LSI 空间、SVM 和 RBF 网络的分类器是效果最好的。实验结果还表明：对于文本和垃圾邮件分类，相对于一些众所周知的方法，新提出的 LSI 和 RBF 分类器提供了两种非常有竞争力的选择。

基于内容的垃圾邮件过滤是一项很有挑战性的分类工作，过程的成功受到很多方面的影响：算法的选择、数据和数据预处理、特征选择和决策标准。在这项研究中，我们仅使用邮件主题行和主体文本来作为学习的内容。对于未来的工作，我们计划通过头文件中包含的特征来扩展邮件内容，这看起来很可靠且有用［Zhang 等人（2004）］。另外，我们计划再次研究一些机器学习算法来进一步提高它们在代价敏感学习上分类的效率。例如，我们将会知道，对于 LSI 和 RBF 分类器，聚类的最优数据是如何决定的——它可以用来创建两种邮件类别中所有信息中的主题的精确表征或描述。

参考文献

Aha W and Albert M 1991 Instance-based learning algorithms. *Machine Learning* **6**, 37–66.

Androutsopoulos I, Paliouras G and Michelakis E 2004 Learning to filter unsolicited commercial e-mail. Technical Report, NCSR Demokritos.

Berry M, Dumais S and O'Brien W 1995 Using linear algebra for intelligent information retrieval. *SIAM Review* **37**(4), 573–595.

Bishop C 1995 *Neural Networks for Pattern Recognition*. Oxford University Press.

Christianini B and Shawe-Taylor J 2000 *An Introduction to Support Vector Machines and Other Kernel-based Learning Methods*. Cambridge University Press.

Deerwester S, Dumais S, Furnas G, Landauer T and Harshman R 1990 Indexing by latent semantic analysis. *Journal of the American Society for Information Science* **41**, 391–409.

Drucker H, Wu D and Vapnik V 1999 Support vector machines for spam categorization. *IEEE Transactions on Neural Networks* **10**, 1048–1054.

Friedman J, Hastie T and Tibshirani R 2000 Additive logistic regression: A statistical view of boosting. *Annals of Statistics* **28**(2), 337–374.

Gee K 2003 Using latent semantic indexing to filter spam. *Proceedings of the ACM Symosium on Applied Computing*, pp. 460–464.

Golub G and van Loan C 1996 *Matrix Computations*, third ed. Johns Hopkins University Press.

Hidalgo J 2002 Evaluating cost-sensitive unsolicited bulk email categorization. *Proceedings of the 17th ACM Symposium on Applied Computing*, pp. 615–620.

Jiang E 2006 Learning to semantically classify email messages. *Lecture Notes in Control and Information Sciences* **344**, 700–711.

Jiang E 2007 Detecting spam email by radial basis function networks. *International Journal of Knowledge-based and Intelligent Engineering Systems* **11**, 409–418.

Jiang E 2009 Semi-supervised text classification using RBF networks. *Lecture Notes in Computer Science* **5772**, 95–106.

Joachims T 1998 Text categorization with support vector machines – learning with many relevance features. *Proceedings of the 10th European Conference on Machine Learning*, pp. 137–142.

Kaufman L and Rousseeuw P 1990 *Finding Groups in Data*. John Wiley & Sons, Inc.

Manning C, Raghavan P and Schutze H 2008 *Introduction to Information Retrieval*. Cambridge University Press.

Mitchell T 1997 *Machine Learning*. McGraw-Hill.

Platt J 1999 Fast training of support vector machines using sequential minimal optimization. In *Advances in Kernel Methods: Support Vector Learning* (ed. Scholkop B, Burges C and Smola A) MIT Press pp. 185–208.

Rocchio J 1997 Relevance feedback information retrieval In *The Smart Retrieval System: Experiments in automatic document processing* (ed. Salton G) Prentice Hall pp. 313–323.

Sahami M, Dumais S, Heckerman D and Horvitz E 1998 A Bayesian approach to filtering junk e-mail. *Proceedings of AAAI Workshop*, pp. 55–62.

Sebastiani F 2002 Machine learning in automated text categorization. *ACM Computing Surveys* **1**, 1–47.

Witten T and Frank E 2005 *Data Mining*, second ed. Morgan Kaufmann.

Yang Y and Pedersen J 1997 A comparative study on feature selection in text categorization. *Proceedings of the 14th International Conference on Machine Learning*, pp. 412–420.

Zhang H 2004 The optimality of naive bayes. *Proceedings of the 17th International FLAIRS Conference*.

Zhang L, Zhu J and Yao T 2004 An evaluation of statistical spam filtering techniques. *ACM Transactions on Asian Language Information Processing* **3**, 243–369.

第4章 利用非负矩阵分解研究邮件分类问题

Andreas G. K. Janecek 和 Wilfried N. Gansterer

4.1 简介

十年前，大量不受欢迎的邮件（垃圾邮件）开始成为互联网上最为严重的问题之一。为了解决这一问题，研究者们开发和应用了大量的策略和技术，但是仍没有找到解决这个问题的最终方法。近年来，网络欺诈（密码钓鱼）成为除垃圾邮件问题之外的又一个严重的问题。这个词汇涵盖了各种犯罪活动，它试图使用欺诈性的社会工程学和技术手段从互联网用户那里获得敏感数据或金融账户凭据，例如账户用户名、密码或信用卡详细信息。相对于不受欢迎但是无危害性的垃圾邮件，网络欺诈对所有的大型网络商业运作都是一个巨大的威胁。

通常来说，按照邮件传输过程中采取措施的时间点，邮件分类方法可以被分为三类：发送前方法、发送后方法、新协议，这三类都是建立在修改传输过程自身的基础之上的。发送前方法是邮件在网络中传播之前所采取的措施，因为它可以避免由垃圾邮件引起的资源浪费，所以这个方法很重要。然而，由于这些方法的高效性依赖于广泛的资源部署，因而现今使用的大部分邮件过滤技术都属于发送后方法。这一类方法包含的技术有：黑名单、白名单、灰名单和基于规则的过滤器，它们都是通过预先决定的一组规则来阻止不合法的邮件。利用这些规则，我们可以提取邮件信息的特征描述。在提取完特征后，可以利用一个分类过程来预测未分类邮件的类别（误报邮件、垃圾邮件、网络欺诈）。提高分类过程速度的一个重要方法是：在分类之前，完成特征子集的选择（移除冗余和不相关的特征）或降维（使用原始数据的低阶近似）。

低阶近似是用一个低阶的相关矩阵替换一个大型的却只有少量数据的矩阵。这种技术可以应用在许多数据挖掘应用程序中（例如，图像处理、药物发现、文本挖掘），旨在减少所需的存储空间并获得数据元素之间更高效的关系表征。根据所使用的近似技术，我们应该更关注于存储需求方面。如果原始数据矩阵仅含有非常少量的数据（这是许多文本挖掘问题中常出现的情况），已降阶的矩阵相对于具有更高维度的原始数据矩阵而言，可能具有更高的存储需求（因为已降阶的矩阵常常几乎是完全密集的）。除了一些类似于主成分分析（Principal Component Analysis, PCA）和奇异值分解（SVD）这样众所周知的技术之外，还有一些低阶近似的方法，例如：矢量量化［Linde 等人（1980）］、因子分解［Gorsuch（1983）］、QR 分解［Golub 和 van Loan（1996）］和 CUR 分解［Drineas 等人（2004）］。近年来，另一种用于非负数据的近似技术已成功应用于许多领域。非负矩阵分解（Nonenegative Matrix Factorization，NMF，可参考4.2节）产生降阶的非负因子 **W** 和 **H**，它们可以近似表示一个给定的非负数据矩阵 **A**，**A** ≈ **WH**。

在这一章中，我们研究 NMF 在邮件分类工作方面的应用。我们认真思考了 NMF 因子在邮件分类上下文情况下的可解释性，并试图利用 **W** 中基础向量（可视为基础邮件或基础特征）提供的信息。受这种上下文驱使，对于基于原始特征排名的 NMF，我们也研究了一种新的初始化技术。这种方法被用来与标准随机初始化和其他在文献中描述的用于 NMF 的初始化技术进行比较。与随机初始化相比，使用我们的方法，相似性误差减小得更快；与现存的、但常常需要消耗很长时间的方法相比，我们的方法有一个更可观的结果。此外，我们对基于 NMF 的分类方法做了一些分析。特别地，我们介绍了一种结合了 NMF 和 LSI（潜在语义索引）的新方法，并将其与标准的 LSI 进行比较。

4.1.1 相关工作

Gansterer 等人（2008b）分析了在邮件分类工作中使用低阶近似的效果。在他们的研究中，LSI 成功地应用到了纯文本特征和基于规则提取特征的过滤系统中。特别是由基于规则的过滤器产生的特征，允许维度迅速降低，而且它在分类过程中不会造成重要精确度的丢失。在时间约束起关键作用的情况下（例如，在线处理邮件流时），特征简化就会显得非常重要。Gansterer 等人（2008a）提出了对以上情形的处理框架——灰名单（暂时拒收邮件信息），它是一种加强版自我学习变体与一种基于信誉的诚信机制的结合，从特征提取和分类中分离出 SMTP 通信。这种处理框架最小化了客户端的工作量，并且取得了很高的垃圾邮件分类率。Janecek 等人（2008）展示了用特征子集选择所产生的分类精确度与在邮件分类工作中基于 PCA 的低阶近似法所产生的分类精确度的比较结果。

非负矩阵分解（NMF）。Paatero 和 Tapper（1994）发表了一篇关于正定矩阵因子分解的文章，但是直到五年后，才由 Lee 和 Seung（1999）使此项研究工作获得了高度关注，这篇文章现在已是 NMF 的标准参考文献。Lee 和 Seung（1999）介绍了两种 NMF 算法——乘法更新算法［Berry 等人（2007）］和交替最小二乘法［Lee 和 Seung 2001］——为评价新算法（例如，梯度下降算法）提供了很好的基准线。

NMF 初始化。所有计算 NMF 的算法都是通过迭代完成的，并且需要初始化 **W** 和 **H**。而一般的目标是，建立初始化技术和算法，使其在收敛时有较好的整体误差——这仍是一个开放性的问题。在快速收敛和快速减小误差方面，一些初始化策略可以优化 NMF 的效果。尽管优秀的 NMF 初始化技术的好处在文献中很明显，但到目前为止，人们也仅开发出了少量的非随机初始化算法。

Wild 等人［Wild（2002），Wild 等人（2003，2004）］是最早一批研究 NMF 初始化问题的人。他们使用基于质心分解［Dhillon 和 Modha（2001）］的球形

k-均值聚类，为 W 生成一个结构的初始化。更准确地说，他们将 A 的列划分到 k 集群中，为每一个集群选择质心矢量来初始化 W 中相应的列。他们的结果显示：这种分解比随机初始化误差减小的速度更快，因此节约了昂贵的 NMF 迭代成本。然而，由于这种分解必须在 A 的列上运行一个聚类算法，因此它的成本相当于一个预处理步骤那样昂贵［Langville 等人（2006）］。

Langville 等人（2006）也提出了一些新的初始化想法，并将上述质心聚类方法与随机产生的四种新的初始化技术进行比较。然而，两种算法（随机 Acol 和随机 C）仅稍微减少了 NMF 的迭代次数，另一种算法（共现）被证明具有很昂贵的计算成本，与随机初始化相比，SVD-质心算法明显降低了相似性误差，并减少了 NMF 的迭代次数。基于低维 SVD 因子 $V_{n \times k}$ 的一个 SVD-质心分解（由于 V 远小于 A，这种分解将远远快于在 $A_{m \times n}$ 上的质心分解），算法对 W 进行初始化。然而，SVD 因子 V 对于这个算法必须是可用的，V 的计算明显很消耗时间。

Boutsidis 和 Gallopoulos（2008）使用一种称作非负双奇异值分解（Nonnegative Double Singular Value Decomposition，NNDSVD）的技术来初始化 W 和 H，这种技术是基于两个 SVD 过程：近似数据矩阵 A（k 阶近似），以及近似产生的局部 SVD 因子的正定部分。他们还展示了各种数值实验，结果表明：在所有的测试情况下，在快速收敛和降低误差方面，NNDSVD 初始化优于随机初始化，一般情况下也优于质心初始化［Wild（2002）］。

4.1.2　概要

本章安排如下：在第 4.2 节中，我们回顾了一些 NMF 的基础知识，对在邮件分类工作中 W 的基础向量（基础特征和基础邮件）的可解释性方面做了一些评论，另外还提供了一些关于数据和特征的信息。在第 4.3 节中我们讨论了关于新 NMF 初始化技术的想法，第 4.4 节则主要介绍了基于 NMF 的新分类方法。第 4.5 节总结了我们的研究工作。

4.2　研究背景

在这一节中，我们回顾了 NMF 的定义及其特点，并对我们研究工作中的两个 NMF 算法给出了简要概述，包括它们的终止准则和计算复杂度。然后，我们描述了用于实验评估的数据集，并对邮件分类问题的上下文中的 NMF 因子 W 和 H 的可解释性做了一些讨论。

4.2.1　非负矩阵分解

非负矩阵分解（NMF）［Lee 和 Seung（1999），Paatero 和 Tapper（1994）］由降阶非负因子 $W \in \mathbf{R}^{m \times k}$ 和 $H \in \mathbf{R}^{k \times n}$，以及（根据问题情况而定）$k \ll \min\{m, n\}$ 组成，它可以被近似表示成一个给定的非负数据矩阵 $A \in \mathbf{R}^{m \times n}$，$A \approx WH$。忽略 WH 仅仅是最高阶为 k 的矩阵 A 的近似分解这一事实，WH 被称为矩阵 A 的一个非负矩阵分解。与 NMF 相关的非线性优化问题一般可以表示成如下形式：

49

$$\min_{\boldsymbol{W},\boldsymbol{H}} f(\boldsymbol{W},\boldsymbol{H}) = \frac{1}{2}\|\boldsymbol{A} - \boldsymbol{WH}\|_F^2 \tag{4.1}$$

其中，$\|.\|_F$ 是 Frobenius 范数。尽管 Frobenius 范数一般被用来衡量原始数据 $\boldsymbol{A}$ 和 $\boldsymbol{WH}$ 之间的误差，但也有其他的措施可以完成这一衡量过程，例如，对于正定矩阵的 Kullback-Leibler 发散的一种扩展 [Dhillon 和 Sra（2006）]。不同于 SVD，NMF 不是独一无二的，而且并不是所有的 NMF 算法都收敛。如果收敛，它们通常只收敛到局部最小（可能不同的算法有一个不同的值）。幸运的是，对于许多数据挖掘应用来说，数据压缩在仅是局部最小的情况下取得了令人瞩目的质量 [Langville 等人（2006）]。

由于它的非负限制条件，NMF 产生了称为"基于局部加和"（或"局部之和"）的数据表征 [与许多其他类似于 SVD、PCA 或独立成分分析（Independent Component Analysis，ICA）的线性表征形成对照]。这是 NMF 很重要的一个优点，这使得 NMF 因子比同时包括正、负条目的因子更容易理解，并能使非负部分组合成一个整体 [Lee 和 Seung（1999）]。例如，$\boldsymbol{W}$ 中的特征（被称为"基础向量"）可能是文本数据集群的主题，或图形数据外观的一部分。而非负限制条件的另一个有利的结果是，因子 $\boldsymbol{W}$ 和 $\boldsymbol{H}$ 常常是自然稀疏的（例如，在后面介绍的交替最小二乘算法的更新步骤中，负元素被设定为 0）。

4.2.2 计算 NMF 的算法

NMF 算法可以被划分为三个一般的类：乘法更新（Multiplicative Update，MU）、交替最小二乘（Alternating Least Squares，ALS）和梯度下降（Gardient Descent，GD）算法。Berry 等人（2007）给出了对这三类算法的评价。在这一节中，我们使用了 MATLAB 统计资料工具箱 v6.2（从 R2008a 版本开始就已包括）中的 MU 和 ALS 算法（这些算法不依赖于一个步长参数，GD 算法也一样）的执行过程。对应算法的终止条件也按照 MATLAB 的执行过程做了相应的调整。算法 1 给出了 NMF 算法在一般结构下的伪代码。

算法 1——NMF 算法的一般结构

1：已知矩阵 $\boldsymbol{A} \in \mathbf{R}^{m \times n}$，$k << \min\{m,n\}$

2：**for** $rep = 1$ **to** $maxrepetition$ **do**

3：$\boldsymbol{W} = \mathrm{rand}(m,k)$;

4：$\boldsymbol{H} = \mathrm{rand}(k,n)$;

5：**for** $i = 1$ **to** $maxiter$ **do**

6：执行 NMF 更新步骤

7：检查终止准则

8：**end for**

9：**end for**

大部分的算法都需要先初始化因子 W 和 H，但是也有一些算法（例如，ALS 算法）仅需要先初始化一个因子。标准 ALS 算法使用预先初始化的 W，但是这个算法在预先初始化因子 H 时也可以正常运行（这种情况下，算法 3 中第 1 行和第 3 行应该调换位置）。在大多数 NMF 算法的基础形式中，因子都是被随机初始化的。以下详细描述了不同的更新步骤。

乘法更新（MU）。Lee 和 Seung（2001）给出的 MU 算法的更新步骤是基于均方误差目标函数的。在每一步迭代中都加入 ε，这是为了防止被除数为 0。在实验中常使用的一个典型值是 $\varepsilon = 10^{-9}$。

算法 2——MU 算法的更新步骤

1：$H = H. * (W^{\mathrm{T}} A). / (W^{\mathrm{T}} W H + \varepsilon)$；

2：$W = W. * (A H^{\mathrm{T}}). / (W H H^{\mathrm{T}} + \varepsilon)$；

交替最小二乘（ASL）。ALS 算法是由 Paatero 和 Tapper（1994）最早提出的。在交替过程中，一个最小二乘步长紧接着另一个最小二乘步长。在这种相当简单的情况下，由最小二乘计算产生的所有的负元素都将被置为 0 以保证非负性。标准 ALS 算法只需要初始化因子 W；因子 H 在第一次迭代中计算。

算法 3——ALS 算法的更新步骤

1：计算出 H：$W^{\mathrm{T}} W H = W^{\mathrm{T}} A$；

2：将 H 中所有的负元素设为 0；

3：计算出 W：$H H^{\mathrm{T}} W^{\mathrm{T}} = H A^{\mathrm{T}}$；

4：将 W 中所有的负元素设为 0；

所有的算法都需要迭代，并且依赖于 W（与 H）的初始化。由于迭代一般收敛到局部最小，因此常常使用不同的随机初始化来运行算法的一些实例，然后从中选择最好的解决方案。W 或者 H 的一个可能的非随机初始化（根据算法而定）可以避免重复多次的因子分解。此外，这样还可以加快一个单一因子分解的收敛速度，如式（4.1）定义的那样降低误差。

终止准则

一般情况下，NMF 算法的终止准则包含三部分。第一个条件是基于最大迭代次数（算法迭代直到迭代次数达到最大值）。第二个条件是基于所需要的近似精确度［如果式（4.1）的近似误差达到了预定临界值，算法终止］。最后一个条件是基于因子 W 和 H 迭代过程中的相关变化，如果这个变化超过了预定的阈值 δ，算法也将终止。

NMF 的计算复杂度

MU 算法更新一步的复杂度是 $\mathcal{O}(kmn)$（其中，矩阵 A 为 $m \times n$，矩阵 W 为 $m \times k$，矩阵 H 为 $k \times n$），Li 等人（2007）与 Robila 和 Maciak（2009）也给出了实例。NMF 的迭代次数 i 使得整体的复杂度为 $\mathcal{O}(ikmn)$。对于 ALS 算法，解决算法 3 的第 1 行和第 3 行中式子的复杂度时需要慎重考虑。在其最一般的形式中，是利用正交三角分解来解决的。

4.2.3 数据集

用于评估的数据集由 15000 个邮件信息组成，它被划分为三个组——误报邮件、垃圾邮件和网络欺诈。这些邮件分别来自于 Phishery[○] 和 2007TREC[○] 语料库，并由 133 个特征进行描述。特征中有一部分是基于纯文本，其他的则是由在线特征和基于规则的过滤器提取的特征组成的。有一些特征专门用于测试垃圾邮件信息，而其他的特征则专门用于测试网络欺诈信息。在预处理的过程中，我们将所有的特征缩放为区间 [0，1] 内的数以确保它们在相同的范围内。

网络欺诈信息的结构与垃圾邮件信息的结构有明显不同，但是它与正常误报邮件信息的结构很相似（因为作为一个网络欺诈信息，使它看起来像是一个来自于可靠地址的正常信息是非常重要的）。Gansterer 和 Pölz（2009）给出了关于这个特征集的详细讨论和评价。

邮件语料库被划分为两个集合（训练集和测试集），训练集是由来自于每种邮件类的 4000 个时间最久的邮件信息组成（一共含有 12000 个信息），测试集则是由来自于每种邮件类的 1000 个时间最近的邮件信息组成（一共含有 3000 个信息）。这个按年代顺序排列的历史数据可以对实际中发生的变化进行仿真，并对垃圾邮件和网络欺诈信息进行改编。两个邮件集合都是按照邮件类进行排序的——每个集合都包含误报信息、垃圾邮件信息和网络欺诈信息。根据特征的性质，数据矩阵都非常稀疏。大一点的（训练）集合有 84.7% 的数据是 0，小一点的（测试）集合有 85.5% 的数据是 0。

4.2.4 解释

NMF 的一个关键特点是 W 中基础向量的表征和 NMF 第二个因子 H 的基础系数的表征。利用这些基础系数，A 的列可以依据 W 的列来表示。在邮件的分类上下文中，W 可能含有基础特征或基础邮件，这些都要依赖于原始数据的结构。如果 NMF 被应用到一个邮件×特征的矩阵中（例如：矩阵 A 中的每一行对应一个邮件信息），W 中含有 k 个基础特征。如果 NMF 被应用到该矩阵的转置矩阵中（特征×邮件的矩阵中，例如：矩阵 A 中的每一列对应一个邮件信息），则 W 中

含有 k 个基础邮件信息。

基础特征。图 4.1 展示了当 NMF 应用于邮件×特征矩阵时，我们训练集的三个（$k=3$）基础特征 $\in \mathbf{R}^{12000}$ 时的效果。目标的三个不同类——误报信息（前面的 4000 个信息）、垃圾邮件（中间的 4000 个信息）和网络欺诈（后面的 4000 个信息）——很容易就能区分开了。在基础特征 1 中，网络欺诈邮件往往产生很高的值；在基础特征 2 中，垃圾邮件信息产生的值最高。基础特征 3 中的值普遍小于基础特征 1 和基础特征 2 中的值，但是在这个基础特征中，很明显误报信息占主导地位。

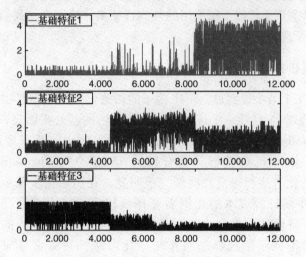

图 4.1　$k=3$ 时的基础特征

基础邮件信息。图 4.2 展示了 NMF 在转置矩阵（特征×邮件）上产生的三个（$k=3$）基础邮件信息 $\in \mathbb{R}^{133}$ 时的效果。图中显示了两处在所有基础邮件中都有相对

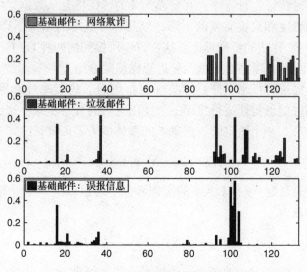

图 4.2　$k=3$ 时的基础邮件信息

较高值的特征（16和102），这表明这些特征在这三类邮件中不易区分。其他特征在类之间很好区分。例如，特征 89 ~ 91 和 128 ~ 130 在基础邮件 1 中有很高的值，但是在其他两个基础邮件中几乎为 0。对于原始数据的研究表明：对于网络欺诈邮件，这些特征往往产生很高的值，这就表明第一个基础邮件代表网络欺诈信息。利用相同的判断方法，第三个基础邮件可以被认定为是代表误报信息（由特征 100 和 101 可以判断出）。最后，基础邮件 2 代表垃圾邮件。

这种在基础向量中观测到的丰富结构应该被应用于分类方法上下文中。其中，基础向量的结构很大程度上依赖于所使用的具体特征集。接下来，我们会讨论在 NMF 初始化情况下特征选择技术的应用。

4.3 基于特征排序的 NMF 初始化

我们曾在 4.1.1 节中提到过，NMF 因子的初始化对收敛速度和 NMF 算法的误差减小有很大的影响。尽管一个优秀的初始化方法的益处很明显，但随机初始化 W 和 H 仍旧是 NMF 算法的标准方法。在现今的方法中，基于球形 k- 均值聚类［Wild（2002）］或非负双重奇异值分解（NNDSVD）［Boutsidis 和 Galloopoulos（2008）］的初始化方法都很消耗时间。很明显，在初始化步骤中的计算成本与实际 NMF 算法中的计算成本的比例需要仔细权衡。在许多情况下，一个昂贵的预处理步骤所需要的成本会多于后续 NMF 更新过程中节约的成本。下面我们介绍一种基于特征子集选择的快速初始化方法，并将它与前述的随机初始化、NNDSVD 方法做比较。

4.3.1 特征子集选择

特征子集（Feature Subset，FS）选择的主要思想是：通过特征来区分目标类的有效性，从而对特征进行排序。冗余或无关的特征将会从数据集中移除，因为它们会导致分类精确度和聚类质量的下降，以及计算成本的增加。FS 处理程序的输出是基于应用的 FS 算法的特征排序。这一节中所提到的两种 FS 方法都是基于信息增益和信息增益率的，下面会对这两种思想做简要介绍。

信息增益。通过特征来区分目标类（误报信息、垃圾邮件和网络欺诈）的有效性，从而对邮件信息特征进行排序——使用它们的信息增益，这也可以用于计算决策树的分裂标准。一个给定的数据集 S 的整体熵 I 定义如下：

$$I(S) := - \sum_{i=1}^{c} p_i \log_2 p_i \qquad (4.2)$$

其中，C 代表类的总数；p_i 代表类 i 的实例部分。通过以下式子计算每个属性 A 的熵或信息增益的减少：

$$IG(S,A) := I(S) - \sum_{v \in A} \frac{|S_{A,v}|}{S} I(S_{A,v}) \qquad (4.3)$$

其中，v 是属性 A 的值；$S_{A,v}$ 是值为 v 的属性 A 的实例集。

信息增益率。含有许多不同值的特征常常有更高的信息增益。由于特征的这种特性不需要与特征的分裂信息联系在一起，我们也可以基于信息增益率来对特征进行排序，从而可以标准化信息增益，并对它进行定义：$GR(S,A) := IG(S,A)/split\text{-}info(S,A)$，

其中，

$$splitinfo(S,A) := -\sum \frac{|S_{A,v}|}{|S|} \log_2 \frac{|S_{A,v}|}{|S|} \tag{4.4}$$

4.3.2 FS 初始化

在基于信息增益和信息增益率的特征排序完毕后，我们使用排名顺序最靠前的 k 个特征来对 W 进行初始化（以下简称 FS 初始化）。特征选择旨在降低特征空间的大小，在 W 包含基础特征（例如，在 4.2.4 节中提到的，矩阵 A 的每一行对应一个邮件信息）的地方应用初始化。FS 初始化方法的计算成本比较低廉［例如，Janecek 等人（2008）对信息增益和 PCA 的运行时间做了对比］，因此它可以应用于计算低廉但高效的初始化步骤中。在接下来的工作中，我们对信息增益、信息增益率、NNDSVD、随机初始化，以及其他类似于 H 初始化（此时 H 被随机初始化）的初始化方法的运行时间做了详细比较。

结果。图 4.3 和图 4.4 展示了在使用 ALS 算法时，分别利用基于信息增益（图中标记为 infogain）的特征排序、信息增益率（图中标记为 gainratio）的特征排序、NNDSVD（图中标记为 nndsvd），以及随机初始化（图中标记为 random）这四种初始化方法的 NMF 近似误差。作为一个基准线，两幅图中还展示了矩阵 A 基于 SVD（图中标记为 svd）的近似误差，它给出了矩阵 A 最好的 k 阶近似。当 $k = 1$ 时，NMF 的所有变种与 SVD 有相同的近似误差，但是当 k 的值增大后，SVD 的近似误差小于 NMF 的所有变种（正如预期的那样，从近似误差的角度来看，SVD 给出了最好的 k 阶近似）。值得注意的是，在一个独立 NMF 因子的分解过程中，当迭代次数的上限（maxiter）很高时（图 4.4 中，取 $maxiter = 30$），所有使用初始化策略的近似误差都非常接近，同时也非常接近于用 SVD 计算的最好的近似误差。另一方面，当迭代次数的上限很小时（图 4.3 中，取 $maxiter = 5$），很明显，随机初始化的方法无法与基于 NNDSVD 和特征选择的初始化方法相提并论。此外，在 $maxiter$ 值较小的情况下，FS 初始化方法（信息增益和信息增益率）随着 k 值的增大展示出了比 NNDSVD 更好的误差减小效果。在 $maxiter$ 值较大的情况下，例如，在 $maxiter = 30$ 时（见图 4.4），不同初始化策略之间的差距逐渐减小，直到误差曲线基本相同。

运行时间。在这一小节中，我们分析了在不同 k 值，不同 $maxiter$ 值的情况下，使用 ALS 算法计算 NMF 所需要的运行时间。用于比较算法的计算机硬件配置是：SUN Fire X4600M2，2.3GHz CPU，64GB 内存，8 AMD 四核 Opteron 处理器（共 32 核）。由于从运行时间的角度来看，ALS 算法的 MATLAB 实现不是最优的实现过

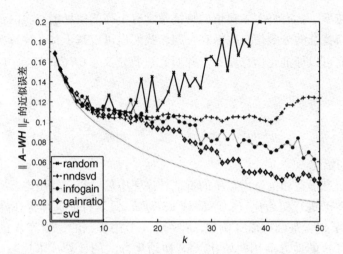

图 4.3　*maxiter* = 5 时，使用 ALS 算法，随着 *k* 的变化，不同
初始化策略的近似误差变化情况

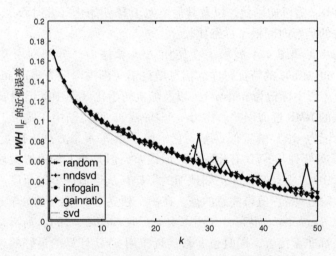

图 4.4　*maxiter* = 30 时，使用 ALS 算法，随着 *k* 的变化，不同
初始化策略的近似误差变化情况

程，所以我们使用经济规模的 QR 分解来计算 ALS 更新步骤（参见算法 3）：只计
算了 QR 分解中因子 **Q** 和 **R** 的前 *n* 列（其中 *n* 是原始数据矩阵 **A** 的较小维度）。这
节约了计算时间（比在 MATLAB 中实现的原始 ALS 算法快了 3.7 倍），但是却取
得了与在 MATLAB 实现中相同的效果。当迭代次数超过预定临界值 *maxiter* 时，
算法终止；这也说明近似误差不是终止条件。因此，运行时间与使用的初始化策
略无关（忽略因为初始化稀疏数据而节约的边缘运行时间）。这种情况下，可以
观察到运行时间与阶数 *k* 之间的线性关系：减少迭代次数（减小 *maxiter* 的值）

可以造成运行时间的大幅度减少。这也强调了我们新的初始化技术的优势。如图 4.3 所示，到达同一个相似误差点，我们的 FS 初始化方法所需要的迭代次数要少于现今的方法。

表 4.1 展示了不同的初始化策略在各种不同的 *maxiter* 情况下，到达各种不同的近似误差临界值所需要的运行时间的比较情况。很明显，具有较小 *maxiter* 和高 k 值比具有较大 *maxiter* 和低 k 值可以更快速地到达一个给定的近似误差 $\| A - WH \|_F$。由表 4.1 可以看出，在使用信息增益率和信息增益时，分别需要计算 1.5s 和 1.6s 才能使近似误差达到 0.04 或更小（此时，*maxiter* = 5）。但是，如果使用 NNDSVD 或随机初始化方法到达相同的近似误差，所需要的时间则要大于 5s（此时，*maxiter* = 20）。

表 4.1　运行时间比较

$\| A - WH \|_F$	*maxiter* 5	*maxiter* 10	*maxiter* 15	*maxiter* 20	*maxiter* 25	*maxiter* 30
信息增益率初始化（gainratio）						
0.10	0.6s ($k=17$)	1.0s ($k=11$)	1.5s ($k=11$)	2.0s ($k=11$)	2.2s ($k=10$)	2.7s ($k=10$)
0.08	0.9s ($k=27$)	1.5s ($k=22$)	2.2s ($k=21$)	2.9s ($k=19$)	3.1s ($k=19$)	3.3s ($k=19$)
0.06	1.1s ($k=32$)	2.0s ($k=30$)	2.8s ($k=28$)	3.7s ($k=28$)	4.6s ($k=27$)	5.4s ($k=26$)
0.04	1.5s ($k=49$)	2.4s ($k=40$)	3.9s ($k=40$)	5.0s ($k=40$)	6.3s ($k=38$)	7.2s ($k=38$)
信息增益初始化（infogain）						
0.10	0.6s ($k=18$)	1.0s ($k=12$)	1.6s ($k=12$)	1.8s ($k=10$)	2.2s ($k=10$)	2.7s ($k=10$)
0.08	1.0s ($k=28$)	1.5s ($k=22$)	2.3s ($k=22$)	2.9s ($k=19$)	3.1s ($k=19$)	3.3s ($k=19$)
0.06	1.5s ($k=48$)	2.0s ($k=30$)	3.0s ($k=30$)	3.7s ($k=28$)	4.6s ($k=28$)	5.4s ($k=26$)
0.04	1.6s ($k=50$)	2.5s ($k=42$)	4.1s ($k=42$)	5.1s ($k=41$)	6.3s ($k=38$)	7.2s ($k=38$)
NNDSVD 初始化（nndsvd）						
0.10	0.6s ($k=15$)	1.0s ($k=12$)	1.6s ($k=12$)	1.8s ($k=10$)	2.2s ($k=10$)	2.7s ($k=10$)
0.08	n. a.	1.7s ($k=25$)	2.6s ($k=25$)	2.6s ($k=18$)	3.1s ($k=19$)	3.2s ($k=18$)
0.06	n. a.	2.1s ($k=32$)	3.1s ($k=32$)	3.9s ($k=29$)	4.6s ($k=28$)	5.7s ($k=30$)
0.04	n. a.	n. a.	n. a.	5.1s ($k=41$)	6.3s ($k=38$)	7.2s ($k=38$)
随机初始化（random）						
0.10	n. a.	0.9s ($k=10$)	1.4s ($k=10$)	1.8s ($k=10$)	2.2s ($k=10$)	2.7s ($k=10$)
0.08	n. a.	1.5s ($k=22$)	2.3s ($k=22$)	2.5s ($k=17$)	3.1s ($k=19$)	3.3s ($k=19$)
0.06	n. a.	n. a.	n. a.	4.1s ($k=31$)	4.5s ($k=26$)	5.4s ($k=26$)
0.04	n. a.	n. a.	n. a.	5.4s ($k=45$)	6.7s ($k=42$)	7.3s ($k=39$)

4.4　基于 NMF 的分类方法

在这一节中，我们研究了新的分类算法，该算法利用 NMF 开发了一个分类模型。首先，我们观察通过 W（由 4.3 节中介绍的技术进行初始化）中的基础特征获得的分类精确度。在这种情况下，NMF 是在完整数据上计算的，这种技术仅能应用于分类模型建立之前就可以使用的数据上。

在本节的第二部分，我们介绍了一种基于 NMF 的、可以自动应用于新邮件数据的分类器。我们将 NMF 与 LSI 结合，并将它与基于 SVD 的标准 LSI 进行比较。

4.4.1 使用基础特征分类

图 4.5 和图 4.6 展示了利用在 4.3 节中提到的四种不同初始化策略，在不同 *maxiter* 的情况下，一个三元分类问题（误报信息、垃圾邮件、网络欺诈）的整体精确度。我们使用了由 MATLAB LIBSVM（v2.88）接口提供的径向基核的支持向量机（Support Vector Machine，SVM）来完成该分类算法［Chang 和 Lin（2001）］。这一节展示的结果表明，我们为较大的邮件语料库（参见 4.2.3 节，该语料库中包含 12000 个邮件信息）提供了五倍交叉验证。

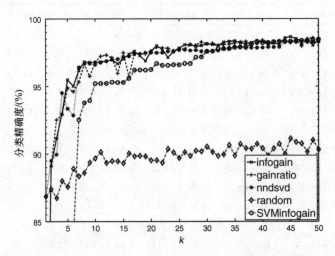

图 4.5 *maxiter* = 5 时，使用 MU 算法，对于不同初始化方法，
SVM（RBF 内核）的分类精确度

通过在 *W* 的每一行上应用 SVM 来获得基于四种 NMF 初始化技术的结果，*W* 中的每一个邮件信息都由 *k* 个基础特征描述，例如，*W* 中的每一列都对应一个基础特征（参见 4.2.4 节）。这正如我们在 NMF 算法中所使用的乘法迭代（MU）。对比于原始特征，我们在邮件信息（由信息增益排名最靠前的 *k* 个特征描述）上应用一个标准的 SVM 分类（SVMinfogain）。由于 NMF 算法中的 *maxiter* 因子在结果中不造成任何影响，所以，在图 4.5 和图 4.6 中，SVMinfogain 的曲线基本相同。

分类结果。当阶数较低时（ *k* < 30），使用 SVMinfogain 获得的结果要明显低于用非随机算法［信息增益（infogain）、信息增益率（gainratio）、nndsvd］初始化 NMF 所获得的结果。这并不令人感到惊讶，因为 *W* 中包含了所有特征的压缩信息

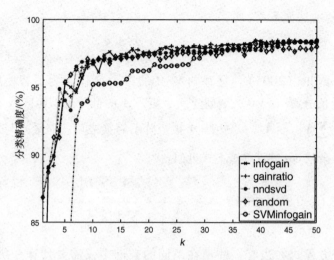

图 4.6　*maxiter* = 30 时，使用 MU 算法，对于不同初始化方法，
SVM（RBF 内核）的分类精确度

（即使阶数 k 的值很小）。当 *maxiter* = 5 时，W 的随机 NMF 初始化获得的分类精确
度更低（见图 4.5）。即使 k 值很大，分类结果也无法令人满意。当 *maxiter* 较大时
（见图 4.6），随机初始化 W 的分类精确度提高，获得的结果可以与信息增益、信
息增益率，以及 NNDSVD 的分类结果相提并论。将 FS 初始化分类结果与 NNDSVD
的分类结果进行比较，可以看出，在分类精确度上没有很大的差距。我们想指出，
当 k = 6 时，NNDSVD 的分类精确度有明显下降（两幅图中都有显示）。令人惊讶
的是，相对于 4.3 节中展示的近似误差结果，*maxiter* = 5 较之 *maxiter* = 30 只是略差
了一点。因此，小 *maxiter* 和低 k 值可以进行快速（且精确）的分类（例如，在
k = 10、*maxiter* = 5 时，信息增益、信息增益率和 NNDSVD 的平均分类精确度是
96.75%；在 k = 50、*maxiter* = 30 时，平均分类精确度为 98.34%）。

4.4.2　基于 NMF 的一般化 LSI

在对新邮件信息进行分类时，我们在动态环境中观察分类过程，很明显，对于
每个新邮件信息计算一个新的 NMF 是不合理的。取而代之，我们通过在训练样本
上应用 NMF、在分类模型中使用由因子 W 和 H 提供的信息来创建一个分类器。接
下来，我们展示了基于 NMF 的 LSI 变种，并将它们与标准的 LSI（基于 SVD）进
行比较。值得注意的是，在这一节中，我们所使用的数据集的顺序与在 4.3 节和
4.4.1 节中的顺序相反。因此，矩阵 A 的每一列对应一个邮件信息。

VSM 和标准 LSI 的回顾。VSM［Raghavan 和 Wong（1999）］是一个用向量来
表示对象和查询的代数模型，它在高维度向量空间中被广泛使用。一般而言，给定
一个查询向量 q，向量 q 到给定的特征 × 对象的矩阵 A 的所有对象的距离都可以通
过向量 q 与 A 的列之间夹角的余弦来测量。向量 q 与矩阵 A 的第 i 列之间夹角的余

弦 $\cos \varphi_i$ 的计算方法如下:

$$(\text{VSM}) : \cos \varphi_i = \frac{e_i^{\mathrm{T}} A^{\mathrm{T}} q}{\| A e_i \|_2 \| q \|_2} \qquad (4.5)$$

LSI［Langville（2005）］是基础 VSM 的一个变体。为了替换原始矩阵 A，我们通过奇异值分解（SVD）来创建一个矩阵 A 的低阶近似矩阵 A_k，例如，$A = U \sum V^{\mathrm{T}} \approx U_k \sum_k V_k^{\mathrm{T}} =: A_k$。当矩阵 A 被矩阵 A_k 替换之后，向量 q 与矩阵 A 的第 i 列之间夹角的余弦 $\cos \varphi_i$ 可以按下式近似:

$$(\text{SVD-LSI}) : \cos \varphi_i \approx \frac{e_i^{\mathrm{T}} V_k \sum_k U_k^{\mathrm{T}} q}{\left\| U_k \sum_k V_k^{\mathrm{T}} e_i \right\|_2 \| q \|_2} \qquad (4.6)$$

由于这个方程式右边有一些项在不同的查询中仅需要计算一次 $\left(e_i^{\mathrm{T}} V_k \sum_k U_k^{\mathrm{T}} \right.$ 和 $\left. \left\| U_k \sum_k V_k^{\mathrm{T}} e_i \right\|_2 \right)$，LSI 可以节约存储空间和计算成本。而且，近似数据常常可以提供一个更清晰和更高效的数据元素之间关系的表征［Langville 等人（2006）］，从而发现数据中潜在的信息。

基于 NMF 的分类器。我们研究了两种利用 NMF 作为 LSI 的低秩近似的新概念（见图 4.7）。第一种方法，我们称之为 NMF-LSI，仅使用一个不同的近似法替换了

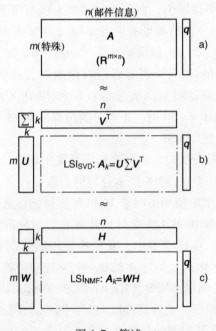

图 4.7 简述

a）基础 VSM b）使用 SVD 的 LSI c）使用 NMF 的 LSI

LSI 内的近似法。在 k 阶 NMF 中，我们用 A_k：$W_k H_k$ 替换 $U_k \sum\limits_k A_k^{\mathrm{T}}$ 来近似计算矩阵 A。值得注意的是，在使用 NMF 时，计算 W 和 H 之前要先确定 k 的值。向量 q 与矩阵 A 的第 i 列之间夹角的余弦 $\cos \varphi_i$ 可以按下式近似：

$$(\text{NMF- LSI}): \cos \varphi_i \approx \frac{e_i^{\mathrm{T}} H_k^{\mathrm{T}} W_k^{\mathrm{T}} q}{\| W_k H_k e_i \|_2 \| q \|_2} \tag{4.7}$$

为了节约计算成本，分母中最左边的那一项和分子中最左边的那一项（都涉及了 W_k 和 H_k）可以计算一个先验。

第二种分类器，我们称为 NMF- BCC（NMF 基础系数分类器），它是建立在 H 中的基础系数可以被用于新邮件分类的思想之上的。在给定 W 的前提下，这些系数是矩阵 A 的列的表征。如果给定了 W、H 和 q，那么就可以计算列向量 x，最小化方程如下：

$$\min_x \| W x - q \| \tag{4.8}$$

在给定 W 的前提下，由于 x 是向量 q 最好的表征，为了将向量 q 分配到三种邮件类的某一种中，我们搜索 H 中最接近 x 的列。此外，式（4.8）也表明了向量 q 距离 A 中的邮件信息有多远。向量 q 与矩阵 H 的第 i 列之间夹角的余弦 $\cos \varphi_i$ 可以按下式做近似计算：

$$(\text{NMF- BCC}): \cos \varphi_i \approx \frac{e_i^{\mathrm{T}} H^{\mathrm{T}} x}{\| H e_i \|_2 \| x \|_2} \tag{4.9}$$

很明显，式（4.9）中余弦的计算远远快于前面提到的其他 LSI 变种（因为在一般情况下，矩阵 H 远远小于矩阵 A），但是对 x 的计算将会造成额外的计算消耗。我们会在本节最后对这一问题做进一步的讨论。

分类结果。图 4.8 和图 4.9 分别展示了在不同的 *maxiter* 情况下，基于 SVD 的 LSI（SVD- LSI）、基于 NMF 的 LSI（NMF- LSI）、基础系数分类器（NMF- BCC）以及基础 VSM（VSM）所取得效果的比较情况。与第 4.4.1 节相比，我们在 4.4.1 节中为较大的邮件语料库提供交叉验证，而在本节中，我们将大语料库作为训练集，由每个邮件类中最新的 1000 个邮件信息组成的较小语料库进行测试。对于分类，我们选出所有 A 的列中与 q（非多数算法）的夹角最小的那一列，将 q 分配到误报信息、垃圾邮件和网络诈骗中的某一类中。本节选择随机初始化作为初始化方法。

很明显，由于 *maxiter* 的值不同，用 NMF 方法所取得的分类精确度也存在着很大的差别。当 *maxiter* =5 时（见图 4.8），NMF 变种的效果无法与基于 SVD 的 LSI 和 VSM 的效果相提并论。但是，当 *maxiter* 的值增大到 30 时，除了 NMF- BCC（mu）之外的所有 NMF 变种都展示出了很可观的实验效果（见图 4.9）。在许多 k 值下，NMF 变种甚至取得了比使用原始特征的基础 VSM 更好的分类精确度。此外，标准 ALS 变种［NMF- LSI（als）］取得了比基于 SVD 的 LSI 更可观的效果，特别是当 k 值很小的时候（在 5～10 之间）。值得注意的是，这提高的几个百分点

61

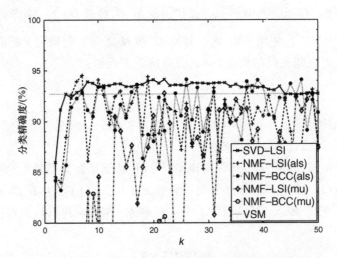

图 4.8 *maxiter* = 5 时，不同 LSI 变种和 VSM 的分类精确度

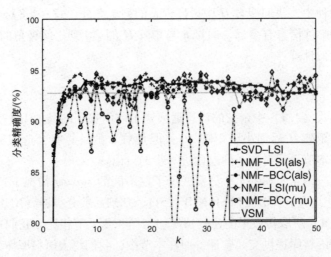

图 4.9 *maxiter* = 30 时，不同 LSI 变种和 VSM 的分类精确度

在邮件的分类上下文中是意义重大的。此外，如同 4.2.4 节所讨论过的那样，NMF 内的纯非负线性表征使得对 NMF 因子的解释比标准 LSI 因子的解释简单得多。一个很有趣的现象是，在使用 NMF-LSI 和 NMF-BCC 分类器时，对因子 **W** 和 **H** 的初始化不能提高分类精确度。这与前面的章节形成对照——特别是当 *maxiter* 很小时，因子的初始化对 SVM 的实验效果有很大的影响。

运行时间。所有 LSI 变种的计算时间包括两部分：在分类过程开始之前，分别计算 SVD 和 NMF 的低阶近似；再对任意新收到的邮件信息（单一查询向量）进行分类。

图 4.10 和图 4.11 分别展示了 *k* 为不同值的情况下，计算低阶近似的运行时间和单一查询向量分类过程的运行时间。正如 4.3.2 节所提到的那样，NMF 的运行

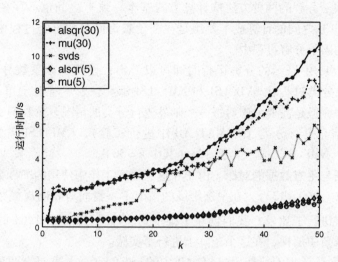

图 4.10   计算一个 12000 × 133 矩阵的基于 SVD 和 NMF 变种的低阶近似的运行时间
［alspr（30）指的是用明确的 QR 分解进行计算的 ALS 算法，且 *maxiter* = 30］

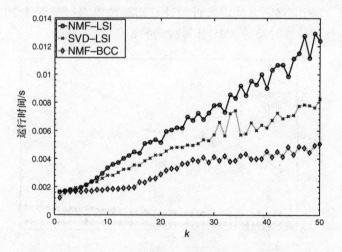

图 4.11   对单一查询向量分类的运行时间

时间几乎线性依赖于 *maxiter*。图 4.10 表明，对于任意给定的 *k*，使用 SVD 方法所需的计算时间要远远多于在 *maxiter* = 5 时使用 NMF 初始化所需的计算时间；但少于在 *maxiter* = 30 时 NMF 初始化所需的计算时间。由于我们使用 MATLAB 的 svds（）函数来计算奇异值分解（SVD），而这个函数只计算一个矩阵的前 *k* 个最大奇异值和与其有关联的奇异向量。完整的奇异值分解的计算常常需要更多的时间（在此不需要）。ALS 算法（参见 4.3.2 节中使用经济规模的 QR 因子分解）和 MU 算法的运行时间之间只有很小的差别，当然，NMF-LSI 和 NMF-BCC 的运行时间

（由于 NMF 因子分解的两种方法的计算方式基本一致）之间也不存在差别。NMF-LSI 和 NMF-BCC 之间的计算成本差距是存在于查询向量的分类过程中的，而不是在训练数据的因子分解过程中。

观察图 4.11 中显示的分类运行时间可以看出，使用基础系数分类器（NMF-BCC）进行的分类过程比 SVD-LSI 和 NMF-LSI 都要快。尽管对于单一邮件来说，分类时间适中，但是需要考虑对每一个邮件进行分类的情况。对我们实验样本中的 3000 个邮件信息进行分类（在 MATLAB 中进行实验），NMF-LSI 需要 36s，SVD-LSI 需要 24s，NMF-BCC 则仅需要 13s（其中 $k=50$）。

矩形数据与平方数据的对比。 由于在这项研究工作中使用的邮件数据矩阵的维度很不平衡（12000×133），在平衡维度的情况下，我们对相同规模数据的运行时间和近似错误进行了比较。我们创建了维度为 $\sqrt{133 \times 12000} \approx 1263$ 的平方随机矩阵，像之前章节中那样，在这个矩阵上进行了实验。

图 4.12 展示了 SVD［使用 MATLAB 中的 svds( )函数］和具有两种不同 *maxiter* 值的 NMF 初始化方法在计算前 k 个最大奇异值和关联奇异向量时所需要的运行时间。使用 SVD 计算平方矩阵 A 所需要的时间比计算不平衡维度矩阵所需要的时间长。相比之下，使用 NMF 方法进行近似计算则要快得多（见图 4.10）。例如，当 $k=50$ 时，SVD 的计算时间是 NMF 计算时间的 8 倍。

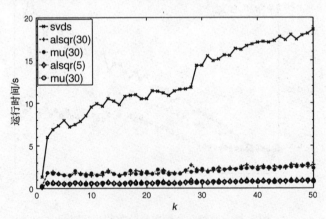

图 4.12　计算一个随机 1263×1263 矩阵基于 SVD 和 NMF
变种的低阶近似的运行时间

图 4.13 展示了平方随机数据的近似误差。图中使用 SVD 和 NMF 产生的近似误差普遍高于对邮件数据集进行操作所产生的误差（见图 4.3 和图 4.4）。一个很有趣的现象是，当 $k < 35$ 时，ALS 算法的近似误差随着 k 值增大而减小；当 $k > 35$ 时，随着 k 值增大而增大。特别是当 k 值较小时，ALS 算法可以取得与 SVD 相似的近似误差，且运行时间少得多。

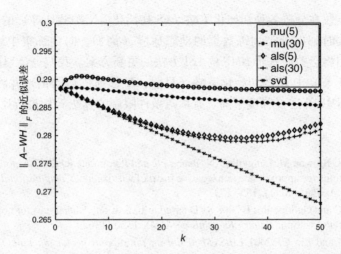

图 4.13　一个随机 1263×1263 矩阵基于 SVD 和 NMF 变种的低阶近似的近似误差

65

4.5　结束语

　　我们已对三种邮件分类工作（误报信息、垃圾邮件、网络欺诈信息）的非负矩阵分解（NMF）应用进行了研究。我们介绍了一种基于特征子集选择（FS 初始化）的快速初始化技术，相对于随机初始化 NMF 的因子 **W** 和 **H**，这种技术大大降低了 NMF 的近似误差。将我们的方法与现今的类似于 NNDSVD［Boutsidis 和 Gallopoulos（2008）］的初始化策略做比较，结果表明：当 NMF 算法做大量迭代运算时两者精度相同；而当 NMF 算法限制于小数量的迭代时，则具有更好的精度。

　　此外，我们还研究和评价了两种基于 NMF 的新分类方法。我们的研究结果表明，使用 **W** 的基础特征所取得的结果往往要优于使用原始特征所取得的结果。在使用随机初始化方法时，在计算 NMF 的迭代过程中，迭代次数（*maxiter*）是分类精确度的一个决定性因素，由 FS 初始化和 NNDSVD 产生的分类结果几乎与此参数无关，即使 *maxiter* 很小，也可以产生高的分类精确度（见图 4.5 和图 4.6）。这就与图 4.3 和图 4.4 所描述的近似误差形成对比——其中迭代次数对于所有的初始化变种都很重要。

　　对于第二种分类方法，我们创建了基于 NMF 的分类器使其应用于新收到的邮件信息，而不需要重新计算 NMF。为了达到这一目的，我们介绍了两种基于 NMF 的 LSI 分类器（使用 ALS 算法计算），并将它们与基于 SVD 的标准 LSI 做比较。在使用 ALS 算法时，两种新的变种都达到了与标准 LSI 相当的分类精确度，而且运算速度更快，当原始数据矩阵的维度很相近时，效果更为明显（在这种情况下，使用 SVD 进行计算的时间往往要比使用 NMF 初始化所需要的计算时间多得多）。

　　本章中使用的代码资源：http://rlcta.univie.ac.at 。

　　未来的工作。我们的研究为未来的工作指出了一些重要且有趣的方向。首先，我们将把重点放在分析各种初始化策略（FS 初始化、NNDSVD 等）的计算成本上。此外，由于实时邮件分类训练数据的动态适应（例如，向训练集中添加新邮件）很重要，我们将会关注基于 NMF 的 LSI 方法的更新方案。我们也计划研究 FS 初始化（参见 4.3 节）中 H 的初始化策略（目前，H 被随机初始化）并将 MU 和 ALS 算法与其他 NMF 算法（梯度下降、有稀疏条件限制的算法等）进行比较。

参考文献

Berry MW, Browne M, Langville AN, Pauca PV and Plemmons RJ 2007 Algorithms and applications for approximate nonnegative matrix factorization. *Computational Statistics & Data Analysis* **52**(1), 155–173.

Boutsidis C and Gallopoulos E 2008 SVD based initialization: A head start for nonnegative matrix factorization. *Pattern Recognition* **41**(4), 1350–1362.

Chang CC and Lin CJ 2001 *LIBSVM: a library for support vector machines*. Software available at http://www.csie.ntu.edu.tw/~cjlin/libsvm.

Dhillon IS and Modha DS 2001 Concept decompositions for large sparse text data using clustering. *Machine Learning* **42**(1), 143–175.

Dhillon IS and Sra S 2006 Generalized nonnegative matrix approximations with bregman divergences. *Advances in Neural Information Processing Systems 18: Proceedings of the 2005 Conference*, pp. 283–290.

Drineas P, Kannan R and Mahoney MW 2004 Fast Monte Carlo algorithms for matrices III: Computing a compressed approximate matrix decomposition. *SIAM Journal on Computing* **36**(1), 184–206.

Gansterer WN and Pölz D 2009 E-mail classification for phishing defense. In *Advances in Information Retrieval, 31st European Conference on IR Research, ECIR 2009, Toulouse, France, April 6–9, 2009. Proceedings* (ed. Boughanem M, Berrut C, Mothe J and Soulé-Dupuy C), vol. 5478 of *Lecture Notes in Computer Science*. Springer.

Gansterer WN, Janecek A and Kumer KA 2008a Multi-level reputation-based greylisting. *Proceedings of Third International Conference on Availability, Reliability and Security (ARES 2008)*, pp. 10–17. IEEE Computer Society, Barcelona, Spain.

Gansterer WN, Janecek A and Neumayer R 2008b Spam filtering based on latent semantic indexing. *In: Survey of Text Mining 2*, vol. 2, pp. 165–183. Springer.

Golub GH and van Loan CF 1996 *Matrix Computations (Johns Hopkins Studies in Mathematical Sciences)*. The Johns Hopkins University Press.

Gorsuch RL 1983 *Factor Analysis* 2nd ed. Lawrence Erlbaum.

Janecek A, Gansterer WN, Demel M and Ecker GF 2008 On the relationship between feature selection and classification accuracy. *JMLR: Workshop and Conference Proceedings* **4**, 90–105.

Langville AN 2005 The linear algebra behind search engines. *Journal of Online Mathematics and its Applications (JOMA), 2005, Online Module*.

Langville AN, Meyer CD and Albright R 2006 Initializations for the nonnegative matrix factorization. *Proceedings of the 12th ACM SIGKDD International Conference on Knowledge Discovery and Data Mining*.

Lee DD and Seung HS 1999 Learning the parts of objects by non-negative matrix factorization. *Nature* **401**(6755), 788–791.

Lee DD and Seung HS 2001 Algorithms for non-negative matrix factorization. *Advances in Neural Information Processing Systems* **13**, 556–562.

Li X, Cheung WKW, Liu J and Wu Z 2007 A novel orthogonal NMF-based belief compression for POMDPs. *Proceedings of the 24th International Conference on Machine Learning*, pp. 537–544.

Linde Y, Buzo A and Gray RM 1980 An algorithm for vector quantizer design. *IEEE Transactions on Communications* **28**(1), 702–710.

Paatero P and Tapper U 1994 Positive matrix factorization: A non-negative factor model with optimal utilization of error estimates of data values. *Environmetrics* **5**(2), 111–126.

Raghavan VV and Wong SKM 1999 A critical analysis of vector space model for information retrieval. *Journal of the American Society for Information Science* **37**(5), 279–287.

Robila S and Maciak L 2009 Considerations on parallelizing nonnegative matrix factorization for hyperspectral data unmixing. *Geoscience and Remote Sensing Letters* **6**(1), 57–61.

Wild SM 2002 Seeding non-negative matrix factorization with the spherical k-means clustering. *Master's Thesis, University of Colorado*.

Wild SM, Curry JH and Dougherty A 2003 Motivating non-negative matrix factorizations. *Proceedings of the Eighth SIAM Conference on Applied Linear Algebra*.

Wild SM, Curry JH and Dougherty A 2004 Improving non-negative matrix factorizations through structured initialization. *Pattern Recognition* **37**(11), 2217–2232.

第5章 使用 *k*-均值算法进行约束聚类

Ziqiu Su, Jacob Kogan 和 Charles Nicholas

5.1 简介

聚类（Clustering）是一种在许多学科领域中都有应用的基础数据分析工作。聚类可广义地定义为：将数据集划分为集群（Cluster）或组，集群内元素的相似性比集群间元素的相似性高。

在一些情况下，集群所需类型的额外信息是可获取的 [Basu 等人（2009）]。在合并到聚类的过程中，这些信息会产生好的分类结果。受 Basu 等人（2004）研究的影响，我们提出了成对约束聚类（Pairwise Constrained Clustering）的思想。在成对约束聚类中，我们有可能得到不属于同一集群的成对向量的信息（不能链接），属于同一集群的成对向量的信息（必须链接），或两种信息都包含。[在 Wagstaff 和 Cardie（2000），以及 Wagstaff 等人（2001）的文章中第一次给出了关于约束聚类的介绍，重点在于实例级约束。]

我们重点研究三种 *k*-均值聚类算法和两种不同的 distance-like 函数。这三种聚类算法是：*k*-均值聚类 [Duda 等人（2000）]，smoka [Teboulle 和 Kogan（2005）] 类型约束聚类，球形 *k*-均值聚类 [Dhillon 和 Modha（1999）]。distance-like 函数是："逆向布雷格曼（Bregman）散度" [Kogan（2007a）] 和"余弦"相似度 [Berry 和 Browne（1999）]。我们的研究表明，利用这些算法和 distance-like 函数，可以将成对约束聚类的问题转变成仅有"不能链接"约束的聚类问题。我们使用惩罚函数代替"不能链接"约束，并在提出的聚类算法中利用惩罚函数来处理聚类问题。

本章的编排如下。在 5.2 节中，我们介绍了基本表示法，并简要回顾了批处理和增量版本的古典二次 *k*-均值算法。5.3 节展示了具有布雷格曼散度和约束的聚类算法。我们通过举例来阐释：对批处理 *k*-均值算法的一个草率采用有可能会导致错误的结果，并且还介绍了对增量 *k*-均值算法的一种改进，它可以生成一系列更高质量的划分结果。我们的研究表明："必须链接"是可以被移除的 [移除技术是基于 Zhang 等人（1997）] 的方法论）。当大量"必须链接"的向量的信息可用时，上述移除技术可能会大幅度降低数据集的大小。5.4 节介绍了 smoka 类型的约束聚类 [Teboulle 和 Kogan（2005），Teboulle（2007）]。"必须链接"约束的移除是基于 Kogan（2007b）所给出的结果。5.5 节展示了球形 *k*-均值约束聚类。5.6 节展示了可以描述约束有效性的数值实验。5.7 节做出了简要总结并描述了未来的研究方向。

5.2　表示法和古典 k-均值算法

向量 $a \in \mathbf{R}^n$，记为 $(a[1], \cdots, a[n])^{\mathrm{T}}$。有限集 $\mathcal{A}$ 的大小记为 $|\mathcal{A}|$。对于拥有 m 个向量的集合 $\mathcal{A} = \{a_1, \cdots, a_m\} \subset \mathbf{R}^n$，$\mathbf{R}^n$ 的一个规定子集为 $\mathcal{C}$，且 distance-like 函数为 $d(x, a)$，我们为集合 $\mathcal{A}$ 定义一个质心 $c = c(\mathcal{A})$，并将其作为最小化问题的解决方法：

$$c = \arg\min\left\{\sum_{a \in \mathcal{A}} d(x, a), \; x \in \mathcal{C}\right\} \tag{5.1}$$

distance-like 函数的例子包括：欧几里得距离的平方，即 $d(x, a) = \|x - a\|^2$；相对熵（也可称为 Kullback-Leibler 散度）$d(x, a) = \sum_{i=1}^{n} a[i]\log(a[i]/x[i])$。就 $d(x, a) = \|x - a\|^2$ 来说，集合 $\mathcal{C}$ 可能会是全部空间；当 $d(x, a) = \sum_{i=1}^{n} a[i]\log(a[i]/x[i])$ 时，集合 $\mathcal{C}$ 定义的质心 x 应该被限制在含有最少非负项的向量中（在许多文本挖掘应用中 $a[i] \geq 0$）。

集合 $\mathcal{A}$ 的质量记为 $Q(\mathcal{A})$，定义如下：

$$Q(\mathcal{A}) = \sum_{i=1}^{m} d(c, a) \tag{5.2}$$

其中 $c = c(\mathcal{A})$。

（为了方便起见，我们设定 $Q(\varnothing) = 0$）。集合 $\mathcal{A}$ 的一种划分是 $\Pi = \{\pi_1, \cdots, \pi_k\}$，例如：

$$\bigcup_i \pi_i = \mathcal{A} \quad （如果 i \neq j，则 \pi_i \cap \pi_j = \varnothing）$$

我们使用表达式并且利用以下方式计算划分 Π 的质量：

$$Q(\Pi) = Q(\pi_1) + \cdots + Q(\pi_k) = \sum_{i=1}^{k} \sum_{a \in \pi_i} d(c_i, a) \tag{5.3}$$

其中，$c_i = c(\pi_i)$。

我们旨在寻找到一种划分 $\Pi^{\min} = \{\pi_1^{\min}, \cdots, \pi_k^{\min}\}$，它可以最小化目标函数 Q 的值。这是一个 NP 难问题 [Brucker（1978）]，我们只能寻找可以生成合理解决方案的算法。

很明显，质心和划分的联系如下：

1. 已知集合 $\mathcal{A}$ 的一个划分为 $\Pi = \{\pi_1, \cdots, \pi_k\}$，它的一个相应的质心 $\{c(\pi_1), \cdots, c(\pi_k)\}$ 可以通过以下方式定义[a]：

⊖　$\arg\min \{f(x)\}$：当 $f(x)$ 取最小值时，x 的取值。——编辑注

69

$$c(\pi_i) = \arg\min\Big\{\sum_{a \in \pi_i} d(x,a), \ x \in \mathcal{C}\Big\} \tag{5.4}$$

2. 对于含有 k 个质心 $\{c_1, \cdots, c_k\}$ 的集合 $\mathcal{A}$，它的划分 $\Pi = \{\pi_1, \cdots, \pi_k\}$ 可以通过以下方式定义：

$$\pi_i = \{a : a \in \mathcal{A}, d(c_i,a) \leqslant d(c_l,a), \ \text{其中，} \ l = 1, \cdots, k\} \tag{5.5}$$

（我们随意地打断了这种关系）。值得注意的是，一般情况下，$c(\pi_i) \neq c_i$。

古典批处理 k-均值算法是一种程序——在以上描述的两个步骤之间进行迭代，由划分 Π 生成划分 Π' [Duda 等人（2000）]。步骤 2 很简单，步骤 1 要求我们解决约束最优化问题。所涉及的问题的难度取决于 distance-like 函数 $d(\cdot,\cdot)$ 和集合 $\mathcal{C}$。整个程序从本质上来说是一个基于梯度的算法。

增量 k-均值算法是一种在每次迭代过程中都试图改变一个向量的集群关系的迭代算法。

定义 5.2.1 划分 Π 的一个一阶变分是划分 Π'，它是通过对 Π 进行如下操作得到的：从 Π 的一个集群 π_i 中移除向量 a，然后将这个向量放入 Π 的另一个集群 π_j 中。

对哪个向量进行移除取决于对目标函数中变化的准确计算。将向量 a 从集群 π_i 移动到集群 π_j 中所引起的目标函数 Q 的变化 Δ 由以下公式计算：

$$\Delta = \frac{|\pi_i|}{|\pi_i| - 1} \| c(\pi_i) - a \|^2 - \frac{|\pi_j|}{|\pi_j| + 1} \| c(\pi_j) - a \|^2 \tag{5.6}$$

[参见 Kogan（2007a）]。

定义 5.2.2 划分 $\mathrm{nextFV}(\Pi)$ 是划分 Π 的一个一阶变分，所以对于每个一阶变分 Π'，都有

$$Q(\mathrm{nextFV}(\Pi)) \leqslant Q(\Pi') \tag{5.7}$$

寻找一阶变分所涉及的计算复杂度不会超过步骤 2 中批处理 k-均值算法的计算复杂度。

在下一节中我们将会通过举例来说明：使用批处理 k-均值算法的一个简单应用来进行不能链接约束的聚类可能会产生错误的结果。并给出了增量 k-均值算法的修改：使用布莱格曼距离进行数据集的约束聚类。

5.3 具有布莱格曼散度的 k-均值约束聚类算法

首先，我们详细介绍 k-均值约束聚类和具有欧几里得距离平方的数据集的"必须链接"约束关系的移除。在本节的最后我们将实验结果扩展到了布莱格曼距离。

5.3.1 具有"不能链接"约束关系的二次 k-均值聚类

我们关注仅有"不能链接"约束关系的聚类，这种约束关系由一种非负的惩罚函数所代替，还介绍一种类似于 k-均值的聚类，它的计算对象是具有惩罚函数的数据集。我们在 5.6 节中介绍约束数据集的划分和具有惩罚函数数据集的聚类。

已知一个向量集 $\mathcal{A} = \{a_1, \cdots, a_m\} \subset \mathbf{R}^n$，以及一个对称惩罚函数 $p: \mathbf{R}^n \times \mathbf{R}^n \to \mathbf{R}_+$，$p(a, a) = 0$，$p(a, a') = p(a', a)$，我们定义集合 $\mathcal{A}$ 的质量 $Q(\mathcal{A})$ 如下：

$$Q(\mathcal{A}) = \sum_{a \in \mathcal{A}} \| c - a \|^2 + \frac{1}{2} \sum_{a, a' \in \mathcal{A}} p(a, a') \tag{5.8}$$

其中 c 是下式的唯一解：

$$\min_x \left\{ \sum_{a \in \mathcal{A}} \| x - a \|^2 + \frac{1}{2} \sum_{a, a' \in \mathcal{A}} p(a, a') \right\}$$

它给定为集合 $\mathcal{A}$ 的算术平均。我们的目的是确定集合 $\mathcal{A}$ 的一个最优 k-聚类划分。

给定一个划分 $\{\pi_1, \cdots, \pi_k\}$ 和相应的质心 c_i，我们试图对式（5.5）做出如下修改以接受两个阶段的批处理 k-均值程序，它可以定义新的划分 $\{\pi'_1, \cdots, \pi'_k\}$，其中，

$$\pi'_i = \left\{ a': \| c_i - a' \|^2 + \sum_{a \in \pi_i} p(a, a') \leqslant \| c_l - a' \|^2 + \sum_{a \in \pi_l} p(a, a') \right\} \tag{5.9}$$

其中，$l = \{1, \cdots, k\}$。

首先，我们展示赋值步骤［比如：式（5.9）］可能产生的错误结果。

例 5.3.1 考虑一维数据集：

$$\mathcal{A} = \{a_1, a_2, a_3, a_4, a_5\} = \{-2.9, -0.9, 0, 0.9, 2.9\} \tag{5.10}$$

当 $i \neq j$ 时，$p(a_i, a_j) = p = 4$。将数据集划分为三个集群：

$$\Pi = \{\pi_1, \pi_2, \pi_3\},$$

其中，

$$\pi_1 = \{a_1, a_2\}, \pi_2 = \{a_3\}, \pi_3 = \{a_4, a_5\},$$

（见图 5.1，图中以环形表示每个集群）。值得注意的是：

$$Q(\Pi) = (2 + p) + 0 + (2 + p) = 4 + 2p = 12,$$

按照赋值步骤，即式（5.9）的一个应用可以产生一种划分为三个集群的方式 Π'：

$$\pi'_1 = \{a_1\}, \pi'_2 = \{a_2, a_3, a_4\}, \pi'_3 = \{a_5\},$$

并且

$$Q(\Pi') = 0 + [3p + 2 \times (0.9)^2] + 0 = 1.62 + 3p = 13.62$$

（见图 5.2）。

式（5.9）中的赋值决策忽视了质心的任何预期变化，以及来自于其他集群的潜在额外向量分配。结果表明，所提出的批处理迭代无法提高原始划分的效果（正如举例所示，可能会导致划分的效果更为不好）。

将向量 a 从集群 π_i 移动到集群 π_j 通过以下方程式改变目标函数：

$$\Delta = \frac{|\pi_i|}{|\pi_i| - 1} \| c(\pi_i) - a \|^2 - \frac{|\pi_j|}{|\pi_j| + 1} \| c(\pi_j) - a \|^2 +$$

$$\sum_{a' \in \pi_i} p(a, a') - \sum_{a' \in \pi_j} p(a, a')$$

［参见式（5.6）］。

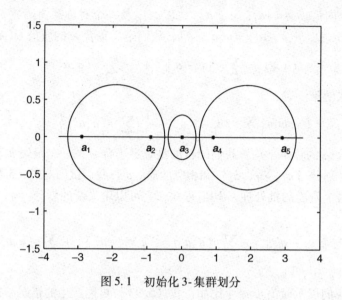

图 5.1　初始化 3-集群划分

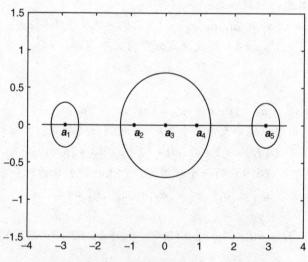

图 5.2　由批处理 k-均值算法产生的 3-集群划分

我们使用 $\Delta(\boldsymbol{a})$ 来表示上式右边 $j=1$，…，m 的最大值。可以注意到，将向量 $\boldsymbol{a}$ 从集群 π_i 中移除，然后又分配到集群 π_i 中，这对目标函数不会造成影响。因此上式右边的最大值 $\Delta(\boldsymbol{a})$ 是非负的。为了最小化目标函数，我们需要选择一个向量 $\boldsymbol{a}$，它的重新分配能使 $\Delta(\boldsymbol{a})$ 最大化。下面给出我们提出的增量 k-均值算法。将该算法的单一迭代应用于例 5.3.1 中的任何一个划分 $\varPi$ 或 $\varPi'$ 中，可生成的一个划分如下：

$$\varPi'' = \{\{-2.9\},\{-0.9,0\},\{0.9,2.9\}\},$$

并能得到 $Q(\Pi'') = 10.405$（见图 5.3）。

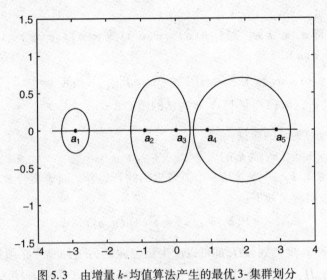

图 5.3 由增量 k-均值算法产生的最优 3-集群划分

算法 4——增量 k-均值算法

1：对一个用户指定的非负公差 tol ≥ 0，进行如下操作。

2：初始化划分 $\Pi^{(0)} = \{\pi_1^{(0)}, \cdots, \pi_k^{(0)}\}$。

3：设定迭代索引 $t = 0$。

4：产生划分 nextFV($\Pi^{(t)}$)。

5：**if** $[Q(\Pi^{(t)}) - Q(\text{nextFV}(\Pi^{(t)})) > \text{tol}]$ **then**

6：设 $\Pi^{(t+1)} = \text{nextFV}(\Pi^{(t)})$

7：$t = t + 1$

8：转到步骤 5

9：**end if**

10：停止。

5.3.2 "必须链接"约束关系的移除

我们将具有一组向量集 $\mathcal{A} = \{a_1, \cdots, a_m\}$，并且具有"必须链接"和"不能链接"约束关系的增量 k-均值聚类简化为（一般情况下）具有较小规模的向量集 $\mathcal{B} = \{b_1, \cdots, b_M\}$ $(M \leqslant m)$ 并且它是一个具有不同惩罚函数 $P(b, b')$ 的、无"必须链接"约束关系的聚类。为了简化表述方式，我们假设任意两个具有"必须链接"约束关系的向量 a 和 a'，$p(a, a') = 0$。

考虑"必须链接"约束关系的传递闭包 [Basu 等人（2009）]。对于集合 $\mathcal{A}$ 中的向量 a，令 $\pi(a)$ 是集合 $\mathcal{A}$ 中的一组向量 a'，使得 $\mathcal{A}$ 的一个有限子集 $\{a_{i_1}, \cdots, a_{i_p}\}$

有 $a = a_{i_1}$，$a' = a_{i_p}$，并且 a_{i_j} 和 $a_{i_{j+1}}$ "必须链接"（$j = 1$，$\cdots$，$p-1$）。集合 $\pi(a)$ 都是等价类，例如：

1. 对于任何 a，$a' \in \mathcal{A}$，都有 $\pi(a) = \pi(a')$ 或 $\pi(a) \cap \pi(a') = \varnothing$；

2. $\mathcal{A} = \underset{a \in \mathcal{A}}{\cup} \pi(a)$。

我们使用 $\{\pi_1, \cdots, \pi_M\}$ 来表示有限集 $\{\pi(a)\}_{a \in \mathcal{A}}$。给定 $i = 1, \cdots, M$，则有：

1. $\boldsymbol{b}_i = c(\pi_i) = (1/|\pi_i|) \sum\limits_{a \in \pi_i} \boldsymbol{a}$ 为 π_i 的质心；

2. $q_i = Q(\pi_i)$ 为 π_i 的质量；

3. $m(\boldsymbol{b}_i) = m_i = |\pi_i|$ 为 π_i 的大小。

向量集合 $\mathcal{B} = \{\boldsymbol{b}_1, \cdots, \boldsymbol{b}_M\}$ 是一个需要聚类的新集合。属于集合 $\mathcal{B}$ 的两个向量 $\boldsymbol{b}_i$ 和 $\boldsymbol{b}_j$ 的惩罚函数的定义如下：

$$P(\boldsymbol{b}_i, \boldsymbol{b}_j) = \sum_{a \in \pi_i, a' \in \pi_j} p(\boldsymbol{a}, \boldsymbol{a}') \tag{5.11}$$

集合 $\mathcal{B}$ 的每一种 k-聚类划分 $\varPi_{\mathcal{B}}$ 都可以产生集合 $\mathcal{A}$ 的另一种非 "必须链接" 约束关系的 k-聚类划分 $\varPi_{\mathcal{A}}$。我们通过以下公式来定义集合 $\mathcal{B}$ 的子集 $\pi^{\mathcal{B}} = \{\boldsymbol{b}_{i_1}, \cdots, \boldsymbol{b}_{i_p}\}$ 的质量 $Q_{\mathcal{B}}(\pi^{\mathcal{B}})$：

$$Q_{\mathcal{B}}(\pi^{\mathcal{B}}) = \sum_{j=1}^{p} m_{i_j} \| c - \boldsymbol{b}_{i_j} \|^2 + \frac{1}{2} \sum_{l,j} P(\boldsymbol{b}_{i_l}, \boldsymbol{b}_{i_j}) \tag{5.12}$$

其中，

$$c = \frac{m_{i_1} \boldsymbol{b}_{i_1} + \cdots + m_{i_p} \boldsymbol{b}_{i_p}}{m_{i_1} + \cdots + m_{i_p}}$$

是集合 $\pi^{\mathcal{B}} = \{\boldsymbol{b}_{i_1}, \cdots, \boldsymbol{b}_{i_p}\}$ 和集合 $\mathcal{A}$ 的联合子集 $\overset{p}{\underset{j=1}{\cup}} \pi_{i_j}$ 的（加权）算术平均值。集合 $\pi^{\mathcal{B}}$ 和 $\overset{p}{\underset{j=1}{\cup}} \pi_{i_j}$ 的质量函数的关系如下：

$$Q\left(\overset{p}{\underset{j=1}{\cup}} \pi_{i_j}\right) = \sum_{j=1}^{p} q_{i_j} + Q_{\mathcal{B}}(\pi^{\mathcal{B}}) \tag{5.13}$$

[无约束关系的例子参见 Kogan（2007a）]。因此，对于任何相关联的划分 $\varPi_{\mathcal{B}}$ 和 $\varPi_{\mathcal{A}}$，它们的质量 $Q(\varPi_{\mathcal{A}})$ 和 $Q(\varPi_{\mathcal{B}})$ 之间存在的差异是一个相同的常量 $\sum\limits_{i=1}^{M} q_i$。

集合 $\mathcal{B}$ 的增量聚类与算法 4 相同，向量 $\boldsymbol{b}$ 从集群 $\pi_i^{\mathcal{B}}$ 移至 $\pi_j^{\mathcal{B}}$ 所引起的目标函数中的变化 Δ 可定义为

$$\Delta = \frac{M_i \cdot m(\boldsymbol{b})}{M_i + m(\boldsymbol{b})} \| c(\pi_i^{\mathcal{B}}) - \boldsymbol{b} \|^2 - \frac{M_j \cdot m(\boldsymbol{b})}{M_j - m(\boldsymbol{b})} \| c(\pi_j^{\mathcal{B}}) - \boldsymbol{b} \|^2 +$$
$$\sum_{b' \in \pi_j^{\mathcal{B}}} P(\boldsymbol{b}, \boldsymbol{b}') - \sum_{b' \in \pi_i^{\mathcal{B}}} P(\boldsymbol{b}, \boldsymbol{b}') \tag{5.14}$$

其中，$M_l = \sum\limits_{b \in \pi_l^{\mathcal{B}}} m(\boldsymbol{b})$。接下来，我们将这些结果扩展至布莱格曼距离中。

5.3.3 使用布莱格曼散度进行聚类

$\psi: \mathbf{R}^n \to (-\infty, +\infty]$ 是一个封闭的特征凸函数 [Rockafellar (1970)]。假设 ψ 在 $\mathrm{int}(\mathrm{dom}\psi) \neq \varnothing$ 上连续可微分，布莱格曼距离（也称"布莱格曼散度"）$D_\psi: \mathrm{dom}\psi \times \mathrm{int}(\mathrm{dom}\psi) \to \mathbf{R}_+$ 的定义如下

$$D_\psi(\boldsymbol{x},\boldsymbol{y}) = \psi(\boldsymbol{x}) - \psi(\boldsymbol{y}) - \nabla\psi(\boldsymbol{y})(\boldsymbol{x}-\boldsymbol{y}) \tag{5.15}$$

其中，$\nabla\psi$ 是 ψ 的梯度。

这个函数描述了 ψ 的凸面；例如，当且仅当 ψ 的梯度不等式成立（例如，当且仅当 ψ 是凸函数）时，$D_\psi(\boldsymbol{x}, \boldsymbol{y}) \geq 0$。当 ψ 在严格意义上是凸函数时，$D_\psi(\boldsymbol{x}, \boldsymbol{y}) \geq 0$；当且仅当 $\boldsymbol{x}=\boldsymbol{y}$ 时，$D_\psi(\boldsymbol{x}, \boldsymbol{y}) = 0$。

值得注意的是，$D_\psi(\boldsymbol{x}, \boldsymbol{y})$ 并不是一个距离（一般情况下，它不对称，也无法满足三角不等式）。当 $\psi(\boldsymbol{x}) = \|\boldsymbol{x}\|^2 (\mathrm{dom}\psi = \mathbf{R}^n)$ 时，有 $D_\psi(\boldsymbol{x},\boldsymbol{y}) = \|\boldsymbol{x}-\boldsymbol{y}\|^2$。当 $\psi(\boldsymbol{x}) = \sum\limits_{j=1}^{n} \boldsymbol{x}[j]\log\boldsymbol{x}[j] - \boldsymbol{x}[j] (\mathrm{dom}\psi = \mathbf{R}_+^n$，我们设定 $0\log 0 = 0)$ 时，我们获得 Kullback-Leibler 相对熵距离为

$$D_\psi(\boldsymbol{x},\boldsymbol{y}) = \sum_{j=1}^{n} \boldsymbol{x}[j]\log\frac{\boldsymbol{x}[j]}{\boldsymbol{y}[j]} + \boldsymbol{y}[j] - \boldsymbol{x}[j], \forall (\boldsymbol{x},\boldsymbol{y}) \in \mathbf{R}_+^n \times \mathbf{R}_{++}^n \tag{5.16}$$

值得注意的是，当我们再假设 $\sum\limits_{j=1}^{n}\boldsymbol{x}[j] = \sum\limits_{j=1}^{n}\boldsymbol{y}[j] = 1$ 时，布莱格曼散度 $D_\psi(\boldsymbol{x}, \boldsymbol{y})$ 将简化为 $\sum\limits_{j=1}^{n}\boldsymbol{x}[j]\log(\boldsymbol{x}[j]/\boldsymbol{y}[j])$ [参见 Banerjee 等人（2005）和 Teboulle 等人（2006）的文章，那里会有更多关于布莱格曼散度的举例]。布莱格曼距离 $D_\psi(\boldsymbol{x},\boldsymbol{y})$ 是关于变量 $\boldsymbol{x}$ 的凸函数。因此，式（5.1）中关于质心的计算已经算是一个很"简单"的优化问题了。

通过逆转 D_ψ 中变量的顺序，例如

$$\overleftarrow{D_\psi}(\boldsymbol{x},\boldsymbol{y}) = D_\psi(\boldsymbol{y},\boldsymbol{x}) = \psi(\boldsymbol{y}) - \psi(\boldsymbol{x}) - \nabla\psi(\boldsymbol{x})(\boldsymbol{y}-\boldsymbol{x}) \tag{5.17}$$

[与式（5.15）比较]，并使用内核：

$$\psi(\boldsymbol{x}) = \frac{v}{2}\|\boldsymbol{x}\|^2 + \mu\left[\sum_{j=1}^{n}\boldsymbol{x}[j]\log\boldsymbol{x}[j] - \boldsymbol{x}[j]\right] \tag{5.18}$$

我们可以得到：

$$\overleftarrow{D_\psi}(\boldsymbol{x},\boldsymbol{y}) = D_\psi(\boldsymbol{y},\boldsymbol{x}) = \frac{v}{2}\|\boldsymbol{y}-\boldsymbol{x}\|^2 + \mu\sum_{j=1}^{n}\left[\boldsymbol{y}[j]\log\frac{\boldsymbol{y}[j]}{\boldsymbol{x}[j]} + \boldsymbol{x}[j] - \boldsymbol{y}[j]\right]$$

$$\tag{5.19}$$

一般情况下，由式（5.16）确定的 $\overleftarrow{D_\psi}(\boldsymbol{x}, \boldsymbol{y})$ 并非必须是关于 $\boldsymbol{x}$ 的凸函数，但是当 $\psi(\boldsymbol{x})$ 是由 $\|\boldsymbol{x}\|^2$ 或 $\sum\limits_{j=1}^{n}\boldsymbol{x}[j]\log\boldsymbol{x}[j] - \boldsymbol{x}[j]$ 确定的时候，则结果函数 $\overleftarrow{D_\psi}(\boldsymbol{x}, \boldsymbol{y})$ 是关于第一个变量的严格凸函数。

将算法 4 扩展至"逆转"的布莱格曼距离需要以下步骤：

1. 计算有限集 π 的 $c(\pi)$ [见式 (5.1)];

2. 子集 $\pi^{\mathcal{B}} = \{b_{i_1}, \cdots, b_{i_p}\} \subseteq \mathcal{B}$ 的 $Q_{\mathcal{B}}(\pi^{\mathcal{B}})$ 的简单表达式 [见 (5.12)];

3. 将向量 b 由集群 $\pi_i^{\mathcal{B}}$ 移动至集群 $\pi_j^{\mathcal{B}}$ 所引起的目标函数中的变化 Δ 的简单计算公式 [见式 (5.14)]。

我们列出了在文献中已有的,且与以上三个步骤相关的结果。第一个结果适用于所有具有逆向变量顺序 $\overleftarrow{D_{\psi}}(x, y) = D_{\psi}(y, x)$ 的布莱格曼散度[Banerjee 等人(2005)]。

定理 5.3.2 如果 $z = (a_1, \cdots, a_m)/m$,则 $\sum_{i=1}^{m} D_{\psi}(a_i, z) \leqslant \sum_{i=1}^{m} D_{\psi}(a_i, x)$。

上述结果表明,任何具有逆向布莱格曼距离的集合,其质心都是由算术平均值给出的。

将向量 a 从集群 π_i 移至集群 π_j 所引起的目标函数 Q 的变化量 Δ 的计算公式如下:

$$\Delta = (m_i - 1)[\psi(c_i^-) - \psi(c_i)] - \psi(c_i) + (m_j + 1)[\psi(c_j^+) - \psi(c_j)] + \psi(c_j)$$

$$(5.20)$$

其中,m_i 和 m_j 分别代表集群 π_i 和 π_j 的大小;c_i^- 是移除向量 a 的集群 π_i 的质心;c_j^+ 是移入向量 a 的集群 π_j 的质心 [Kogan (2007a)]。

在许多文本挖掘的应用中,由于数据向量 a 的稀疏性,很多 c^-、c^+ 与 c 的坐标会重合。因此,当函数 ψ 可拆分时,$\psi(c_i^-)$ 和 $\psi(c_j^+)$ 的计算成本就很小了。

移除"必须链接"约束关系需要对式 (5.12) 和式 (5.14) 进行模拟。以下是由 Kogan (2007a) 提供的两个定理:

定理 5.3.3 如果 $\mathcal{A} = \pi_1 \cup \pi_2 \cup \cdots \cup \pi_k$ [$m_i = |\pi_i|$,$c_i = c(\pi_i)$,$i = 1, \cdots, k$],$c = c(\mathcal{A}) = \dfrac{m_1}{m} c_1 + \cdots + \dfrac{m_k}{m} c_k$,(其中,$m = m_1 + \cdots + m_k$)且 $\Pi = \{\pi_1, \pi_2, \cdots, \pi_k\}$,则

$$Q(\Pi) = \sum_{i=1}^{k} Q(\pi_i) + \sum_{i=1}^{k} m_i d(c, c_i) = \sum_{i=1}^{k} Q(\pi_i) + \sum_{i=1}^{k} m_i [\psi(c_i) - \psi(c)]$$

$$(5.21)$$

定理 5.3.4 令 $\Pi_{\mathcal{B}} = \{\pi_1^{\mathcal{B}}, \cdots, \pi_k^{\mathcal{B}}\}$ 是集合 $\mathcal{B} = \{b_1, \cdots, b_M\}$ 的一个 k-聚类划分。若将向量 b 从集群 $\pi_i^{\mathcal{B}}$ [质心为 $c_i = c(\pi_i^{\mathcal{B}})$] 移至集群 $\pi_j^{\mathcal{B}}$ [质心为 $c_j = c(\pi_j^{\mathcal{B}})$] 时可产生集合 $\mathcal{B}$ 的另一种划分 $\Pi_{\mathcal{B}}'$,则质量的变化量 $\Delta = Q_{\mathcal{B}}(\Pi_{\mathcal{B}}) - Q_{\mathcal{B}}(\Pi_{\mathcal{B}}')$ 可以由以下公式计算:

$$\Delta = [M_i - m(b)][\psi(c_i^-) - \psi(c_i)] - m(b)\psi(c_i) +$$
$$[M_j + m(b)][\psi(c_j^+) - \psi(c_j)] + m(b)\psi(c_j) \qquad (5.22)$$

我们现在就来展示对一个具有"逆向"布莱格曼距离的数据集进行约束聚类的算法(参见算法 5)。而在下一节中会介绍基于非线性优化方法的约束聚类算法。

算法 5——具有布莱格曼散度的约束 k-均值聚类

1：已知数据集 $\mathcal{A}$，一组"必须链接"和"不能链接"约束关系，用户指定的非负公差 tol≥0，可进行如下操作。

2：用一个惩罚函数 p 代替"不能链接"约束关系。

3：建立一个具有"必须链接"约束关系的传递闭包集 $\mathcal{B} = \{b_1, \cdots, b_M\}$。

4：对每一对 $b_i, b_j \in \mathcal{B}$，使用式（5.11）来定义惩罚函数 $P(b_i, b_j)$。

5：初始化 k-集群划分 $\Pi_{\mathcal{B}}^{(0)} = \{\pi_1^{\mathcal{B}}, \cdots, \pi_k^{\mathcal{B}}\}$。

6：设定迭代索引 $t = 0$。

7：使用质量的变化量

$$\Delta = [M_i - m(b)][\psi(c_i^-) - \psi(c_i)] - m(b)\psi(c_i) + [M_j + m(b)][\psi(c_j^+) -$$

$$\psi(c_j)] + m(b)\psi(c_j) + \sum_{b' \in \pi_i^{\mathcal{B}}} P(b, b') - \sum_{b' \in \pi_j^{\mathcal{B}}} P(b, b')$$

将向量 b 从集群 π_i^B ［质心 $c_i = c(\pi_i^{\mathcal{B}})$］移至集群 $\pi_j^{\mathcal{B}}$ ［质心 $c_j = c(\pi_j^{\mathcal{B}})$］产生质量的变化量，并以此确定划分 $\mathrm{nextFV}(\Pi^{(t)})$。

8：**if** $[Q(\Pi^{(t)}) - Q(\mathrm{nextFV}(\Pi^{(t)})) > \mathrm{tol}]$ **then**

9：设定 $\Pi^{(t+1)} = \mathrm{nextFV}(\Pi^{(t)})$

10：$t = t + 1$

11：转到步骤 8

12：**end if**

13：停止。

5.4　smoka 类型约束聚类

我们简要回顾一下 smoka 类型的聚类［Teboulle 和 Kogan（2005）］。值得注意的是，一个向量 a 和 k 个向量 $x_1, \cdots, x_k$ 的关系是

$$\lim_{s \to 0} - s\log\left(\sum_{l=1}^{k} \mathrm{e}^{-\frac{\|x_l - a\|^2}{s}}\right) = \min\{\|x_1 - a\|^2, \cdots, \|x_k - a\|^2\} \tag{5.23}$$

当 $x_1, \cdots, x_k$ 是 k-聚类划分 $\Pi = \{\pi_1, \cdots, \pi_k\}$ 的质心时，则有

$$Q(\Pi) = \sum_{i=1}^{k} \sum_{a \in \pi_i} \|x_i - a\| = \sum_{a \in \mathcal{A}} \min\{\|x_1 - a\|^2, \cdots, \|x_k - a\|^2\}$$

$$= \lim_{s \to 0} \sum_{a \in \mathcal{A}} \left[- s\log\left(\sum_{l=1}^{k} \mathrm{e}^{-\frac{\|x_l - a\|^2}{s}}\right)\right] \tag{5.24}$$

式（5.24）的右边表明，寻找无约束的最优 k-聚类划分的问题可以等价于寻找 k 个最优的质心 $x_1, \cdots, x_k$ 的问题。两种表达式

$$\sum_{a \in \mathcal{A}} \left[- s\log\left(\sum_{l=1}^{k} e^{-\frac{\| x_l - a \|^2}{s}} \right) \right] \text{和} \sum_{a \in \mathcal{A}} \min\{ \| x_1 - a \|^2, \cdots, \| x_k - a \|^2 \}$$

都是$x_1, \cdots, x_k$的函数，第一个公式可微分，第二个公式不可微分。为了得到近似最优质心，建议对下面这一观察结果进行光滑近似：

$$\sum_{a \in \mathcal{A}} \left[- s\log\left(\sum_{l=1}^{k} e^{-\frac{\| x_l - a \|^2}{s}} \right) \right] 。$$

在 Rose 等人（1990），Marroquin 和 Girosi（1993），Nasraoui 和 Krishnapuram（1995），Teboulle 和 Kogan（2005），以及 Teboulle（2007）的文章中，有许多关于k-均值聚类的光滑近似的应用。

接下来我们简要介绍一下仅有"不能链接"约束关系的 smoka 聚类。对于两个向量a和a'，以及k个向量$x_1, \cdots, x_k$，则有

$$\lim_{s \to 0} - s\log\left(\sum_{i,j=1}^{k} e^{-\frac{\| x_i - a \|^2 + \| x_j - a' \|^2}{s}} \right) = \min_{i,j}\{ \| x_i - a \|^2 + \| x_j - a' \|^2 \} \quad (5.25)$$

我们用$\psi(a, a')$代表式（5.25）左边的部分，然后定义$\phi(a, a')$如下：

$$\lim_{s \to 0} - s\log\left(\sum_{i=1}^{k} e^{-\frac{\| x_i - a \|^2 + \| x_i - a' \|^2}{s}} \right) = \min_{i}\{ \| x_i - a \|^2 + \| x_j - a' \|^2 \} \quad (5.26)$$

很明显，$\psi(a, a') \leqslant \phi(a, a')$，只有当$a$和$a'$在同一个集群中时等号才成立。这一观察结果促使我们介绍一种惩罚函数：对于"不能链接"向量a和a'，$p(a, a') = \rho(\phi(a, a') - \psi(a, a'))$，其中$\rho: \mathbf{R}_+ \to \mathbf{R}_+$是一个单调递增函数，且$\rho(0) = 0$；则当$a$和$a'$属于同一集群时，$p(a, a') = 0$［对于函数$\rho$来说，最简单但不是最优的选择是$\rho(t) = t$］。

我们通过式（5.25）及式（5.26）左边具有s的"小"值的相应表达式，对方程右边的部分进行近似计算，需要考虑惩罚函数$p_s(a, a') = \rho(\phi_s(a, a') - \psi_s(a, a'))$，其中

$$\psi_s(a, a') = - s\log\left(\sum_{i,j=1}^{k} e^{-\frac{\| x_i - a \|^2 + \| x_j - a' \|^2}{s}} \right) \quad (5.27)$$

以及

$$\phi_s(a, a') = - s\log\left(\sum_{i=1}^{k} e^{-\frac{\| x_i - a \|^2 + \| x_i - a' \|^2}{s}} \right) \quad (5.28)$$

对于已知的向量a和a'，表达式ψ_s和ϕ_s都是$x = (x_1^{\mathrm{T}}, \cdots, x_k^{\mathrm{T}})^{\mathrm{T}} \in \mathbf{R}^{kn}$的函数，我们需要创建新的表示法，即用$p_s(x; a, a')$来表示惩罚函数。

我们的目标是最小化

$$F_s(x) = \sum_{i=1}^{m} - s\log\left(\sum_{l=1}^{k} e^{-\frac{\| x_l - a_i \|^2}{s}} \right) + \frac{1}{2} \sum_{a, a' \in \mathcal{A}} p_s(x; a, a') \quad (5.29)$$

其中，$x \in \mathbf{R}^{kn}$。

现在我们研究"必须链接"约束关系。消除"必须链接"的约束关系需要再

次基于"打散"一组向量（这组向量应放在同一个集群）到这组向量的质心 $\boldsymbol{b}$，并基于"必须连接"的约束 $[\mathcal{B} = \{\boldsymbol{b}_1, \cdots, \boldsymbol{b}_M\}]$ 的传递闭包的聚类。在 Kogan（2007b）中介绍了这种没有"不能链接"约束关系的方法。将目标函数最小化得到

$$- s \sum_{i=1}^{M} m_i \log\left(\sum_{l=1}^{k} e^{-\frac{\|x_l - b_i\|^2}{s}} \right) \tag{5.30}$$

其中，$m_i = m(b_i)$。为了合并"不能链接"约束关系，我们再介绍另一种惩罚函数。惩罚函数 $P_s(\boldsymbol{x}; \boldsymbol{b}, \boldsymbol{b}')$ 应该能够反映出集群的大小 $m(b)$，其定义如下：

$$P_s(\boldsymbol{x}; \boldsymbol{b}, \boldsymbol{b}') = [m(b) + m(b')] \times \rho\left\{ -s\left[\log\left(\sum_{i=1}^{k} e^{-\frac{\|x_i - b\|^2 + \|x_i - b'\|^2}{s}} \right) - \right. \right.$$
$$\left. \left. \log\left(\sum_{i,j=1}^{k} e^{-\frac{\|x_i - b\|^2 + \|x_j - b'\|^2}{s}} \right) \right] \right\} \tag{5.31}$$

我们需要创建新的表示法，用 $F_s(\boldsymbol{x})$ 来表示最小化后的目标函数：

$$F_s(\boldsymbol{x}) = -s \sum_{i=1}^{M} m_i \log\left(\sum_{l=1}^{k} e^{-\frac{\|x_l - b_i\|^2}{s}} \right) + \frac{1}{2} \sum_{b, b' \in \mathcal{B}} P_s(\boldsymbol{x}; \boldsymbol{b}, \boldsymbol{b}') \tag{5.32}$$

其中，$\boldsymbol{x} = (\boldsymbol{x}_1^{\mathrm{T}}, \cdots, \boldsymbol{x}_k^{\mathrm{T}})^{\mathrm{T}}$。下面给出了聚类函数（参见算法 6）。在下一节中我们将会介绍用于处理单位长度向量的约束聚类算法。

算法 6——约束 smoka 聚类

1：已知数据集 $\mathcal{A}$，一组"必须链接"和"不能链接"约束关系，正参数 s 和 ε，用户指定的非负公差 tol≥ 0，进行如下操作。

2：建立一个具有"必须链接"约束关系的传递闭包集 $\mathcal{B} = \{\boldsymbol{b}_1, \cdots, \boldsymbol{b}_M\}$。

3：选择初始化集群集合 $\boldsymbol{x}^0 \in \mathbf{R}^{kn}$，并且设定迭代索引 $t = 0$。

4：使用梯度下降算法，从 $\boldsymbol{x}^{(0)}$ 中生成 $\boldsymbol{y}$。

5：**if** $F_s(\boldsymbol{x}^{(t)}) - F_s(\boldsymbol{y}) > $ tol **then**

6：$t = t + 1$

7：设定 $\boldsymbol{x}^{(t)} = \boldsymbol{y}$

8：转到步骤 5

9：**end if**

10：停止。

5.5　球形 k-均值约束聚类

本节将介绍用于处理单位范数为 l_2 的向量的聚类算法。在 Dhillon 和 Modha（1999）中介绍了该算法的无约束版本，它的设计思想是受信息检索（IR）应用的激发而产生的，该设计用于处理非负项的向量。在 Dhillon 等人（2003）的研究中，

该算法扩展至具有任意项的向量数据集〔参见 Kogan（2007a）可获得一般 n- 维数据集的详细处理方法〕。

这个算法不禁使人想起二次 k- 均值算法，但是两个单位向量 x 和 y 之间的"距离"是通过 $d(x, y) = x^{\mathrm{T}}y$ 计算得到的〔所以，当且仅当 $d(x, y) = 1$ 时，两个单位向量 x 和 y 相等〕。我们定义集合 $\mathcal{C}$，它是 $(n-1)$ 维 $l2$ 范数单位球体的并集。这个球体可以描述为

$$S_2^{n-1} = \{x : x \in \mathbf{R}^n, x^{\mathrm{T}}x = 1\}$$

球体中心及质心在原点（当不产生歧义时，我们将用 S 表示这个球体）。

已知一组向量集 $\mathcal{A} = \{a_1, \cdots, a_m\} \subset \mathbf{R}^n$，distance-like 函数为 $d(x, a) = a^{\mathrm{T}}x$，作为最大化问题的一种解决方案，我们定义集合 $\mathcal{A}$ 的质心 $c = c(\mathcal{A})$ 为

$$c = \begin{cases} \arg\max\left\{\sum_{a \in \mathcal{A}} x^{\mathrm{T}}a, x \in S\right\}, a_1 + \cdots + a_m \neq 0, \\ 0, \qquad\qquad\qquad\qquad\qquad 其他 \end{cases} \tag{5.33}$$

由式（5.33）立即可以得出：

$$c(\mathcal{A}) = \begin{cases} \dfrac{a_1 + \cdots + a_m}{\| a_1 + \cdots + a_m \|}, a_1 + \cdots + a_m \neq 0 \\ 0, \qquad\qquad\qquad\qquad 其他 \end{cases} \tag{5.34}$$

值得注意的是：

1. 对于 $\mathcal{A} \subset \mathbf{R}^n_+$（在许多 IR 应用中很典型），集合 $\mathcal{A}$ 中向量的总数永远不可能是 0，并且 $c(\mathcal{A})$ 是一个单位长度向量。

2. 集合 $\mathcal{A}$ 的质量 $Q(\mathcal{A}) = \sum_{a \in \mathcal{A}} a^{\mathrm{T}}c(\mathcal{A}) = \| a_1 + \cdots + a_m \|$。

3. 球形 k- 均值聚类的思想是由 IR 应用激发而来，用于处理单位球面里具有非负坐标的向量；对于任何集合 $\mathcal{A} \subset \mathbf{R}^n$，式（5.34）给出了式（5.33）中最大化问题的解决方案。

球形批处理 k- 均值聚类是一个类似于批处理 k- 均值聚类算法的程序，这里主要是用求最大值（max）来代替式（5.4）中的求最小值（min）。

5.5.1 仅有"不能链接"约束关系的球形 k- 均值聚类算法

在"不能链接"约束关系的情况下，我们介绍一种非正的对称惩罚函数 $p(a, a') \leqslant 0$。对于一个给定集群 π，我们定义：

$$Q(\pi) = \sum_{a \in \pi} a^{\mathrm{T}}c(\pi) + \frac{1}{2}\sum_{a, a' \in \pi} p(a, a') \tag{5.35}$$

$c(\pi)$ 的计算方式参考式（5.34）。划分 $\Pi = \{\pi_1, \cdots, \pi_k\}$ 的质量的定义如下：

$$Q(\Pi) = \sum_{i=1}^{k} Q(\pi_i) \tag{5.36}$$

我们首先要说明：将球形批量 k- 均值算法直接适应到具有惩罚函数的数据集上可能会导致错误的结果。

例 5.5.1　设 $\mathcal{A} = \{a_1, a_2, a_3, a_4, a_5\} \subset \mathbf{R}^2$，并且

$$a_1 = \begin{bmatrix} 1 \\ 0 \end{bmatrix}, \quad a_2 = \begin{bmatrix} \cos 31° \\ \sin 31° \end{bmatrix}, \quad a_3 = \begin{bmatrix} \cos 45° \\ \sin 45° \end{bmatrix}, \quad a_4 = \begin{bmatrix} \cos 59° \\ \sin 59° \end{bmatrix}, \quad a_5 = \begin{bmatrix} 0 \\ 1 \end{bmatrix}。$$

当 $i \neq j$ 时，$p(a_i, a_j) = -1$。考虑一个初始化 3-集群划分（见图 5.4）

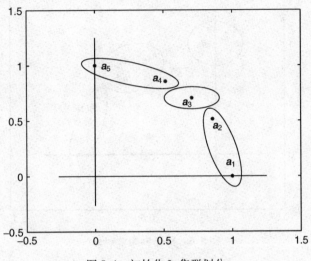

图 5.4　初始化 3-集群划分

$$\Pi = \{\pi_1, \pi_2, \pi_3\},$$

其中，$\pi_1 = \{a_1, a_2\}$，$\pi_2 = \{a_3\}$，$\pi_3 = \{a_4, a_5\}$，$Q(\Pi) = 4.8546 + 2p$。一次批处理迭代的应用产生了划分 Π'，并且 $Q(\Pi') = 4.9406 + 3p$（见图 5.5）。对于任何 $p < -0.086$，都有 $Q(\Pi') < Q(\Pi)$。例如，该算法的一次迭代的应用产生了一种不好的划分。

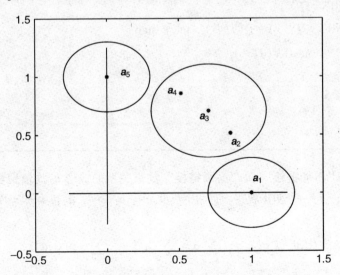

图 5.5　由球形批处理 k-均值算法产生的 3-集群划分

球形批处理 k-均值聚类的增量版本类似于式（5.7）中具有明显不等式的 k-均 值聚类的逆过程。划分 Π 的增量算法的一次迭代的应用产生划分 $\Pi'' = \{\{a_1, a_2\}, \{a_3, a_4\}, \{a_5\}\}$，并且 $Q(\Pi'') = 4.9124 + 2p < 4.8546 + 2p = Q(\Pi)$（见图 5.6）。

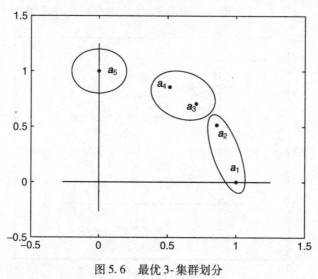

图 5.6　最优 3-集群划分

算法 7——增量球形 k-均值算法

1：对一个用户指定的公差 $\mathrm{tol}_1 \geqslant 0$，进行如下操作。

2：从划分 $\Pi^{(0)}$ 开始。

3：设定迭代索引 $t = 0$。

4：产生 $\mathrm{nextFV}(\Pi^{(t)})$。

5：**if** $\left[Q(\mathrm{nextFV}(\Pi^{(t)})) - Q(\Pi^{(t)}) > \mathrm{tol}_1 \right]$ **then**

6：设定 $\Pi^{(t+1)} = \mathrm{nextFV}(\Pi^{(t)})$

7：$t = t + 1$

8：转到步骤 5

9：**end if**

10：停止。

5.5.2　具有"不能链接"和"必须链接"约束关系的球形 k-均值聚类

我们首先进行一个初步观察。有两个集群 $\pi = \{a_1, \cdots, a_m\}$ 和 $\pi' = \{a_1', \cdots, a_m'\}$，则有

$$Q(\pi \cup \pi') = \left| \sum_{a \in \pi} a + \sum_{a' \in \pi'} a' \right| + \sum_{a \in \pi, a' \in \pi'} p(a, a') \tag{5.37}$$

通过设置 $b = \sum_{a \in \pi} a, b' = \sum_{a' \in \pi'} a', P(b, b') = \sum_{a \in \pi, a' \in \pi'} p(a, a')$，则原方程式可简化为

$$Q(\pi \cup \pi') = |\boldsymbol{b} + \boldsymbol{b}'| + P(\boldsymbol{b}, \boldsymbol{b}')$$

这一观察结果重复了 5.3.2 节中所展示的创建过程。考虑到"必须链接"约束关系的传递闭包 $\{\pi_1, \cdots, \pi_M\}$。设 $i = 1, \cdots, M$，有 $\boldsymbol{b}_i = \sum\limits_{\boldsymbol{a} \in \pi_i} \boldsymbol{a}$；对于任何 $1 \leq i$，$j \leq M$，由 $P(\boldsymbol{b}_i, \boldsymbol{b}_j)$ 表示 $\sum\limits_{\boldsymbol{a} \in \pi_i, \boldsymbol{a}' \in \pi_j} p(\boldsymbol{a}, \boldsymbol{a}')$。

现在我们的目标是对集合 $\mathcal{B} = \{\boldsymbol{b}_1, \cdots, \boldsymbol{b}_M\}$ 进行聚类。用 $Q_{\mathcal{B}}(\pi^{\mathcal{B}})$ 来表示子集 $\pi^{\mathcal{B}} = \{\boldsymbol{b}_{i_1}, \cdots, \boldsymbol{b}_{i_p}\} \subseteq \mathcal{B}$ 的质量，其定义如下：

$$Q_{\mathcal{B}}(\pi^{\mathcal{B}}) = \left| \sum_{\boldsymbol{b} \in \pi^{\mathcal{B}}} \boldsymbol{b} \right| + \frac{1}{2} \sum_{\boldsymbol{b}, \boldsymbol{b}' \in \pi^{\mathcal{B}}} P(\boldsymbol{b}, \boldsymbol{b}') \tag{5.38}$$

集合 $\pi^{\mathcal{B}}$ 的质量与集合 $\mathcal{A}$ 的联合子集 $\pi^{\mathcal{A}} = \bigcup\limits_{j=1}^{p} \pi_{i_j}$ 的质量相等。例如，$Q_{\mathcal{B}}(\pi^{\mathcal{B}}) = Q(\pi^{\mathcal{A}})$。

具有惩罚函数 p 和"必须链接"约束关系的数据集 $\mathcal{A}$ 的增量球形 k-均值算法与应用于具有惩罚函数 P 和无"必须链接"约束关系的数据集 $\mathcal{B}$ 的算法 7 相同。

5.6　数值实验

我们现在证明：有效的"不能链接"约束关系可能会导致较好的聚类结果。我们将算法 4 应用于一个小型的具有三个集合的数据集[⊖]中：

- DC0（Medlars 集合，有 1033 篇医学摘要）
- DC1（CISI 集合，有 1460 篇信息科学摘要）
- DC2（Cranfield 集合，有 1398 篇空气动力学摘要）

我们用 DC 来表示这个总共有 3891 篇文档的集合。许多聚类算法可以将 DC 划分为三个集群，并且具有很少的"误分类"[Dhillon 等人（2003），Dhillon 和 Modha（2001）]。

我们根据 Dhillon 等人（2003）提出的方法论预处理所有文本数据集，该聚类算法需要处理维度为 600 的 3891 个向量。PDDP [Principal Direction Division Partitioning，参见 Boley（1998）] 算法给出了 DC 的初始化 3-集群划分。表 5.1 给出了混淆矩阵的划分。这个划分会在算法 4 和算法 7 中用作输入。这两种算法都可以被应用于没有"必须链接"约束关系的数据集上。惩罚函数 $p(\boldsymbol{a}, \boldsymbol{a}')$ 按如下方式定义。对于集合 DC0，我们按照到集合平均的距离，对所有文档向量 $\boldsymbol{a}_{00}, \boldsymbol{a}_{01}, \boldsymbol{a}_{02} \cdots$ 进行排序（$\boldsymbol{a}_{00}$ 最近）。我们选择前 r_0 个向量 $\boldsymbol{a}_{00}, \boldsymbol{a}_{01}, \cdots, \boldsymbol{a}_{0r_0-1}$，对于任何一个不属于 D0 的向量 $\boldsymbol{a}$，有 $p(\boldsymbol{a}_{0i}, \boldsymbol{a}) = p > 0$，其中 $i = 1, \cdots, r_0 - 1$。对于其他两个文档集合 DC1 和 DC2，通过类似的方法对惩罚函数进行定义。

⊖　来自 http://www.cs.utk.edu/~lsi。

表 5.1 PDDP 产生了具有 250 个"误分类"文档的"混淆"矩阵

集群/DocCol	DC0	DC1	DC2
集群 0	1362	13	6
集群 1	7	1372	120
集群 2	91	13	907

5.6.1 二次 *k*-均值聚类

针对 PDDP 产生的划分，设置条件 $p = 0$，tol $= 0.001$ 的算法 4 的一个应用（例如，增量 *k*-均值算法），使混淆矩阵的效果得到了提高（见表 5.2）。$p = 0.01$ 的算法 4 产生了最终的划分，表 5.3 中给出了混淆矩阵的结果。表 5.4 给出了当 $p = 0.09$ 时产生的具有最优对角线的混淆矩阵。表 5.5 给出了惩罚函数的值 p，以及当 tol $= 0.001$ 时算法 4 所产生的最终划分的"误分类"情况。在这些实验中，$r_0 = r_1 = r_2 = 1$。当 $r_0 = r_1 = r_2 = 2$，并且惩罚函数的值 p 为表 5.5 中的一半时，产生的结果与表 5.5 中所示的相似。

表 5.2 依据 $p = 0$ 的算法 4，PDDP 产生了具有 75 个"误分类"文档的"混淆"矩阵

集群/DocCol	DC0	DC1	DC2
集群 0	1437	22	9
集群 1	1	1360	5
集群 2	22	16	1019

表 5.3 依据 $p = 0.01$ 的算法 4，PDDP 产生了具有 40 个"误分类"文档的"混淆"矩阵

集群/DocCol	DC0	DC1	DC2
集群 0	1453	17	8
集群 1	1	1377	4
集群 2	6	4	1021

表 5.4 依据 $p = 0.09$ 的算法 4，PDDP 产生了具有 0 个"误分类"文档的"混淆"矩阵

集群/DocCol	DC0	DC1	DC2
集群 0	1460	0	0
集群 1	0	1398	0
集群 2	0	0	1033

表 5.5 $r_0 = r_1 = r_2 = 1$ 时，惩罚函数的值 p 对比"误分类"情况

p	误分类情况
0.00	75
0.01	40
0.02	20
0.03	17

（续）

p	误分类情况
0.04	8
0.05	5
0.06	4
0.07	2
0.08	1
0.09	0

5.6.2　球形 k-均值聚类

针对 PDDP 产生的划分，设置条件为 $p=0$，tol = 0.001 的算法 7 的应用并没有改变表 5.1 中所示的混淆矩阵的效果。将惩罚函数的值降低至 $p=-0.1$，混淆矩阵的效果略有提高（见表 5.6）。当 $p=-0.4$ 时，算法产生最优对角线的混淆矩阵（见表 5.4）。进一步降低惩罚函数的值 p 不会对结果造成任何影响。表 5.7 中给出了惩罚函数的值 p 以及 tol = 0.001 时由算法 7 产生的最终划分的"误分类"情况。在这些实验中 $r_0 = r_1 = r_2 = 1$。

表 5.6　依据 $p=-0.1$ 的算法 7，PDDP 产生了具有 221 个"误分类"文档的"混淆"矩阵

集群/DocCol	DC0	DC1	DC2
集群 0	1375	13	6
集群 1	6	1376	115
集群 2	2	79	912

表 5.7　$r_0 = r_1 = r_2 = 1$ 时，惩罚函数的值 p 对比"误分类"情况

p	误分类情况
0.0	250
-0.1	221
-0.2	59
-0.3	4
-0.4	0

5.7　总结

本章展示了三种聚类算法：约束 k-均值算法、约束球形 k-均值算法和约束 smoka 类型算法。每一种算法都可以对向量数据集进行聚类，其中数据集具有"必须链接"约束关系，也具有可惩罚违反了"不能链接"约束关系的惩罚函数。

前两种算法的数值实验表明，在具有约束关系时聚类效果有提高。同时，每个算法的单一迭代仅改变了一个向量的集群从属关系。所以，这两种算法在大型数据集上的简单直接应用是不切实际的。

相比之下，约束 smoka 聚类的单一迭代改变了所有 k 个集群。在其他地方将会记录一些具有"必须链接"与"不能链接"约束关系的大型数据集上进行的约束 smoka 类型聚类的数值实验。聚类算法成功的主要因素在于对约束条件进行合理的选择。我们计划在不久的将来对具有"不能链接"和"必须链接"约束关系的大型数据集进行实验并写出相关的报告。

参考文献

Banerjee A, Merugu S, Dhillon IS and Ghosh J 2005 Clustering with Bregman divergences. *Journal of Machine Learning Research* **6**, 1705–1749.

Basu S, Banerjee A and Mooney R 2004 Active semi-supervision for pairwise constrained clustering. *Proceedings of SIAM International Conference on Data Mining*, pp. 333–344.

Basu S, Davidson I and Wagstaff K 2009 *Constrained Clustering*. Chapman & Hall/CRC.

Berry M and Browne M 1999 *Understanding Search Engines*. SIAM.

Boley DL 1998 Principal direction divisive partitioning. *Data Mining and Knowledge Discovery* **2**(4), 325–344.

Brucker P 1978 On the complexity of clustering problems. *Lecture Notes in Economics and Mathematical Systems, Volume 157* Springer pp. 45–54.

Dhillon IS and Modha DS 1999 Concept decompositions for large sparse text data using clustering. Technical Report RJ 10147, IBM Almaden Research Center.

Dhillon IS and Modha DS 2001 Concept decompositions for large sparse text data using clustering. *Machine Learning* **42**(1), 143–175. Also appears as IBM Research Report RJ 10147, July 1999.

Dhillon IS, Kogan J and Nicholas C 2003 Feature selection and document clustering. In *Survey of Text Mining* (ed. Berry M), pp. 73–100. Springer.

Duda RO, Hart PE and Stork DG 2000 *Pattern Classification* second ed. John Wiley & Sons, Inc.

Kogan J 2007a *Introduction to Clustering Large and High-Dimensional Data*. Cambridge University Press.

Kogan J 2007b Scalable clustering with smoka. *Proceedings of International Conference on Computing: Theory and Applications*, pp. 299–303. IEEE Computer Society Press.

Marroquin J and Girosi F 1993 Some extensions of the k-means algorithm for image segmentation and pattern classification. Technical Report A.I. Memo 1390, MIT, Cambridge, MA.

Nasraoui O and Krishnapuram R 1995 Crisp interpretations of fuzzy and possibilistic clustering algorithms. *Proceedings of 3rd European Congress on Intelligent Techniques and Soft Computing*, pp. 1312–1318, Aachen, Germany.

Rockafellar RT 1970 *Convex Analysis*. Princeton University Press.

Rose K, Gurewitz E and Fox C 1990 A deterministic annealing approach to clustering. *Pattern Recognition Letters* **11**(9), 589–594.

Teboulle M 2007 A unified continuous optimization framework for center-based clustering methods. *Journal of Machine Learning Research* **8**, 65–102.

Teboulle M and Kogan J 2005 Deterministic annealing and a k-means type smoothing optimization algorithm for data clustering. In *Proceedings of the Workshop on Clustering High Dimensional Data and its Applications (held in conjunction with the Fifth SIAM International Conference on Data Mining)* (ed. Dhillon I, Ghosh J and Kogan J), pp. 13–22. SIAM, Philadelphia, PA.

Teboulle M, Berkhin P, Dhillon I, Guan Y and Kogan J 2006 Clustering with entropy-like k-means algorithms. In *Grouping Multidimensional Data: Recent Advances in Clustering* (ed. Kogan J, Nicholas C and Teboulle M) Springer pp. 127–160.

Wagstaff K and Cardie C 2000 Clustering with instance-level constraints. *Proceedings of the Seventeenth International Conference on Machine Learning*, pp. 1103–1110, Stanford, CA.

Wagstaff K, Cardie C, Rogers S and Schroedl S 2001 Constrained k-means clustering with background knowledge. *Proceedings of the Eighteenth International Conference on Machine Learning*, pp. 577–584, San Francisco, CA.

Zhang T, Ramakrishnan R and Livny M 1997 BIRCH: A new data clustering algorithm and its applications. *Journal of Data Mining and Knowledge Discovery* **1**(2), 141–182.

87

第6章 文本可视化技术的研究

Andrey A. Puretskiy，Gregory L. Shutt 和 Michael W. Berry

6.1 文本分析的可视化

在许多领域（包括文本挖掘）中，可视化被认定为一种很有用的工具。虽然文本挖掘可以将巨大数量的数据减少到一个明显较小的子集中，但分析师要从这个子集中进行合理化处理、理解、监测趋势并从中总结，其数据量仍然很大。因此，文本可视化和可视化文本挖掘后期处理工具对促进知识发现以及为超大量数据提供重点概述至关重要。这一章介绍了许多可视化技术，展示了利用这些技术的软件的特例。

使用文本可视化有许多不同的目的，这取决于用户在一段特定的时间内的需求。其主要的目的是：针对一个文档或者一组文档在时间上进行变化轨迹的追踪，集中在文档内容的变化或者是著作权的追踪上。这一范畴的可视化通常使用时间线图技术的各类变种，时间线图技术通常会创建一个颜色编码的图，它可以随着时间的推移追踪任一作者所做的更改。但在一些应用中，许多不同的作者在单个文档上合作创作，这就使文档变得非常复杂且情节难以阅读。

有时候，用户需要的是一个文档的快速且完整的图形摘要。在这一领域，标签云图和其他一些相似的技术非常有用。一个标签云图是对一个或一组文档的总结，它通过字体大小、颜色和文本布局来标明关键词汇对于用户的相对重要性。关键词汇可以通过许多模式来选择，有些甚至可以简单到通过词频来确定。尽管标签云图对于详细分析可能不是很有用，但是它在总结大量数据的文本并使之成为一种易于阅读、理解的可视化方面还是很有效的。

另一个文本可视化的主要目的是一般文本探索：对数据的模式或者关系进行一般搜索。关于搜索的目标，用户通常只是掌握了非常有限的先验信息，因此，用"探索"这个词来描述对这种类型的分析会更好。为了使这种搜索更容易，在这一领域的可视化软件通常会创建一个可更改的、图形化的术语空间表达式——例如，一本书中所有词汇相连接的图，这些词汇之间的连接可能是基于单一章节中的词共现。这种方法有许多的变种，它们都有一个共同点：都很依赖于用户的注意力和感知。在使用这些软件时，用户对数据集的观察、翻译和理解模式的能力在分析过程中很关键。

情绪追踪（以及与它相关的可视化软件）在文本可视化领域是一个相对较新的概念，它是一项很有潜力的技术，在文本数据深度分析方面有很强的能力。

常见的方法是，通过一个主题同义词路径将文本中的描述词与某个基本情绪主题词中的相连接。连接路径的长度决定了每个文本描述词会被如何分类。之后，会创建一个百分比分解图，用它来标记随着时间推移文本基本情感或情绪的全部内容。

许多文本挖掘程序都会产生未标记的文本结果（例如，用于描述原始输入数据集特征的相互关联的词汇组）。为了获得潜在且有用的推论，对这些结果进行进一步解释是有必要的。这常常需要分析师用大量的时间和努力来保证。可视化后期处理工具需要特定的文本挖掘包，这可以大大促进分析过程。本章将详细地介绍一个这样的可视化工具：FutureLens。

6.2 标签云图

从概念上讲，标签云图有些类似于直方图；然而，对于每一个标签的相对重要性的可视化表现形式而言，它们却提供了更大的灵活性。字体大小、颜色、文本排列方向（垂直或水平），以及标签间的相互临近关系，都可能向观察者传达信息［Kaser 和 Lemire（2007）］。一个基本的标签云图生成器是一个相对简洁和直接的程序，它从文本数据中获得词项数目，然后通过考虑词项数目来生成HTML。通常，用户需要选择标签云图摘要中的词项的总数目，然后，标签云图生成代码会根据总计数来选择词项，进而生成 HTML 代码，并通过所有词项计数之间的相对关系来改变字体的大小。图 6.1 展示了一个直接的、易于使用的标签云图生成器应用程序——TagCrowd［Steinbock（2009）］。Shutt 等人（2009）论文中的文本被用来生成图中的标签云图。

图 6.1　由 TagCrowd 应用生成的 Shutt 等人（2009）论文的标签云

图 6.2 和 6.3 则展示了一个更为复杂的应用程序——Wordle［Feinberg（2009）］。这个生成器包含了许多其他的图形功能。它使用户可以通过许多不同的方式去改变文本和背景颜色。连字体类型也可以被修改。用户可以用多种不同的方

式来设置文字云中词汇的主要导向，从完全的水平到大部分的水平或大部分的垂直到完全的垂直。Wordle 可以自动地随机设置所有这些参数。

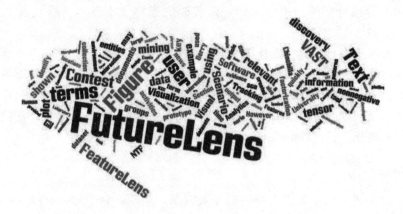

图 6.2　由 Wordle 应用生成的 Shutt 等人（2009）论文的标签云
（字体类型为 Vigo，文本主要取向为随机）

图 6.3　由 Wordle 应用生成的 Shutt 等人（2009）论文的标签云
（字体类型为 Boope，文本主要取向为横向）

　　Steinbock（2009）和 Feinberg（2009），以及其他的一些标签云图生成器允许非商业性的应用使用它们生成的图片和 HTML 代码。TagCrowd 和 Wordle 都使用了知识共享许可，这就意味着用户是可以复制、分发和传播这些资源的［Commons（2009a，b）］。尽管 Wordle 没有限制说明只能在非商业的应用程序上使用，但是 TagCrowd 却只允许在非商业性的程序上使用。值得注意的是，生成器的资源代码的版权归各自的作者所有，并不受限于知识共享许可。

6.3　著作权及其变更的追踪

　　Wikipedia-like 合作化环境激发了著作权追踪可视化软件的发展，在这种环境中，许多用户会在一个相对较长的时间里，对单一文档进行持续更改。像 History Flow（IBM 公司协作用户体验研究小组中的一个项目）这样的软件，允许用户在一个特定的文档中可视化追踪这些变化。这个软件创建了一系列的颜色编码条（由作者创建的），每一个都对应了这个文档的一个版本或者是修订版本。在相邻的颜色条上相同颜色的部分相互连接，生成了一个三维可视的效果图，它为用户提供了随着时间的推移文档被许多作者改变的信息。History Flow 也包括了许多额外的可视化模式，它允许用户通过合作开发的文档来追踪单一作者的活动，也可以通过作者的相对年龄来追踪变化。IBM 的研究者们利用 History Flow 来高效地学习 Wikipedia 中作者们的合作和竞争，其中包括故意毁坏和修复的内容［Viégas 等人（2004）］。在 Viégas 等人（2009）的文章中可以找到更多关于 History Flow 的信息，包括在使用这种软件过程中的截图。

6.4　数据探索和 novel 模式的探索

　　TextArc 利用 JavaScript 和在线应用的功能来可视化复杂的文本数据集，它已经应用到文学作品中，例如，《爱丽斯梦游仙境》（Alice in Wonderland）和《哈姆雷特》（Hamlet）。TextArc 提供的可视化由两部分组成。第一：原始文本在可视化领域的外围是可用的。第二：在可视化领域的中心提供了词汇的连接图。这两部分是连接的，意味着用户可以在中心区域挑选一个特定词汇，然后就可以很快速地发现它在外围区域中已展示在全文中的语境。对于文学作品中的任何一个部分，这个软件都允许用户很轻易地决定任何给定的词汇的关联性和相对重要性［Paley（2009）］。图 6.4 和图 6.5 展示了如何使用 TextArc 来探索莎士比亚的《哈姆雷特》。

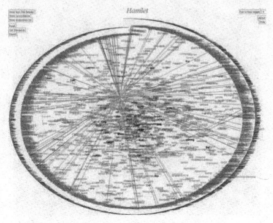

图 6.4　将 TextArc 应用于莎士比亚的作品《哈姆雷特》上（果然，作品中词汇“哈姆雷特”（Hamlet）占了主要地位）

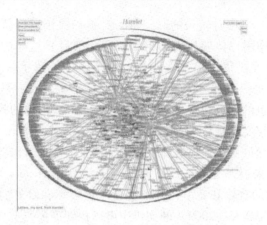

图 6.5　TextArc 允许用户很轻易地跟踪各种词汇间的关系（在此，我们可以看出，词汇"哈姆雷特"（Hamlet）与词汇"陛下"（Lord）相关联。因此我们可以对任何一个词做进一步的跟踪）

6.5　情绪追踪

情绪追踪涉及通过文本中一个特定的部分来还原一个作者态度上的变化。为了实现这个目标，将词汇从文本分类到一定的广义形容词很有必要。描述形容词可能会发生变化：例如，SEASR（Software Environment for the Advancement of Scholarly Research）的情绪追踪项目在其情绪追踪展示中使用了 Parrott 提到的六个核心情绪（见图 6.6 ~ 图 6.8）：喜爱（Love），愉悦（Joy），惊讶（Surprise），愤

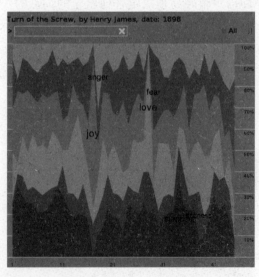

图 6.6　SEASR 将情绪追踪项目应用于小说 *Turn of the Screw*［Henry James（1898）］。*X*-轴上的每一个单元对应于一个含有 12 个句子的组。*Y*-轴显示了 Parrott 提到的六个核心情绪的情感组成［Parrott（2000）］

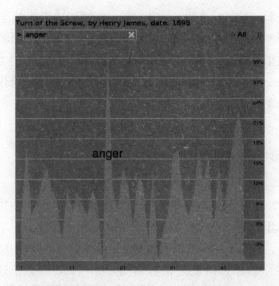

图 6.7　SEASR 将情绪追踪项目应用于小说 *Turn of the Screw*［Henry James（1898）］。
图中展示了这部作品中"愤怒"（anger）出现的情况

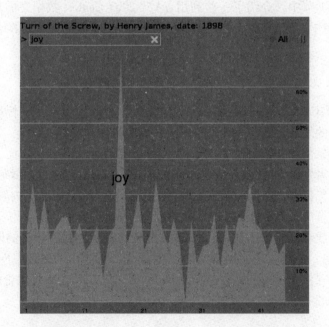

图 6.8　SEASR 将情绪追踪项目应用于小说 *Turn of the Screw*［Henry James（1898）］。
图中展示了这部作品中"愉悦"（joy）出现的情况

怒（Anger），悲伤（Sadness）和恐惧（Fear）［Parrott（2000）］。这个情绪追踪项
目使用了非结构化的信息管理应用程序（Unstructured Information Management Appli-
cations，UIMA），UIMA 是一个用于分析非结构化内容的组建框架，它并不仅仅局

限于文本中。开始时，UIMA 是作为 IBM 的一个项目，但是后来演变成了 Apache 软件基地的一个开源的项目［SEASR（2009b）］。为了能将文本中的词汇分类，它使用了许多不同的指标。SEASR 或 UIMA 情绪追踪项目使用的方法是通过从文本中的每个词汇到某一个主题词的描述词的一个词典来寻找最短的路径。同义词对称是另一项有用的技术，它作为"连接中断器"来说可能很有帮助［SEASR（2009a）］。

6.6　可视化分析和 FutureLens

FutureLens 是一个基于 Java 的可视化分析环境，它可以用于对 VAST 2007 Contest ［Scholtz 等人（2007）］中的新闻场景和情节进行提取和追踪。利用一组相关的人物、位置、组织，以及由非负张量分解（NTF）［Bader 等人（2008b）］确定的有特定上下文的词汇或短语，FutureLens 在提取 Whiting 等人为 VAST 2007 Contest 创建的潜在的（虚构的）犯罪和恐怖活动时很有帮助。6.7 节简要地描述了场景挖掘的过程，以及像 FutureLens 这样的可视化分析软件的设计所保障的期望。6.8 节探讨了一下 FutureLens 的早期版本，在 6.9 节中介绍了一下 FutureLens 的一些重要特性。在 6.10 和 6.11 节中，介绍了一些利用 VAST 2007 Contest 数据集的场景发现的例子。在 6.12 节中，简要地探讨了一下 FutureLens 在未来需要加强的地方［Shutt 等人（2009）］。

6.7　场景发现

VAST 2007 Contest［Scholtz 等人（2007）］的目的是促进评估标准数据集和可视化分析标准的发展，同时为评价不同的解决策略建立一个研讨会。在提供新闻故事、博客、背景信息和受限的多媒体材料（小地图和数据表）方面，这个活动的组织者向参与者发出挑战信息，让他们调查一个主要的执法或反恐场景，形成一个假设，然后搜集证据。每个团队或者参赛的人都被要求说明如下内容：（1）从文本和多媒体信息中表示实体（例如：人员、地址和活动）；（2）开发出交互式的工具进行可视化或者分析这些信息；（3）在分析的基础上回答特定的问题（已提供上下文的问题）；（4）产生一个展示这些答案是如何导出的影像。FutureLens 主要用于完成第二项任务：可视化和追踪由 Bader 等人（2008a，b）讨论的非负张量分析模型所产生的实体集合。

6.7.1　场景

VAST 2007 Contest 中描述的主要（基于犯罪和恐怖）场景涉及了发生在 2004 年秋天的野生动物法实施问题。濒危物种问题和生态恐怖主义活动在潜在的恐怖场景或情节中扮演了关键角色。数据用来描述情节中包括文本、图片和许多统计资料在内的细节。尽管一些普通的动物权利组织举行的活动，比如善待动物组织（People for the Ethical Treatments of Animals，PETA）和地球解放阵线（Earth Liberation

Front，ELF），也参与到了这次的情节中，比赛的组织者不认为他们是这次调查的主要团队。事实上，这样安排的目的是想将注意力从主要的犯罪或恐怖场景转向别处，因此这也提供了一个实际的挑战。

6.7.2　评估策略

参与作品（或者说是答案）在提交给 VAST 2007 Contest 后，尽管会通过答案的正确性和所提供的证明来进行评判，但仍然还需要提供显示、交互作用，以及分析过程支撑的质量的更主观的评估。最后一类特别有趣，因为在文本挖掘领域，一般而言，可以从暴露或判定人类活动的潜在场景的更直观的可视化设计中获益很多。

根据新闻报道的传统线索，将可视化分析（由 VAST 2007 Contest 反映的）用在数据集中最相关的文档或者是其他资源，以便为这个活动寻找问题（人物、事件、地点和时间）的答案来作为证明。活动的参与者需要描述情节和子情节，以及人物、起因、事件和地点是如何关联到情节的；这就是说，它们的关系存在一些不确定性和信息差。例如，每个栏目需要回答的问题如下：

- （人物）是哪些参赛者参与了情节中的提问活动？在适当的时候，指定出与他们相关联的组织。
- （时间或事件）在这段时间的主线上发生了哪些与情节最相关的事？
- （地点）什么地点与情节最相关？

6.8　早期版本

这个项目的许多概念和想法起源于 FeatureLens——马里兰大学（人机交互实验室）的文本和模式可视化项目［Don 等人（2007，2008），Kumar（2009）］。FeatureLens 允许用户在一组文档中搜索频繁出现的词汇或者模式。这些频繁出现的词汇和它们出现在一组文档中的时间关系可以很快地可视化和研究。图 6.9 展示了 FeatureLens 早期版本的一个截图。

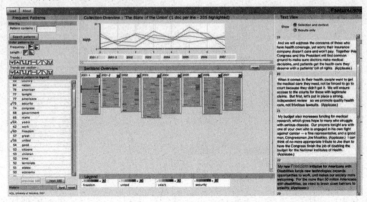

图 6.9　马里兰大学的人机交互实验室开发出来的 FeatureLens 的原型（用 Ruby 编写）

FeatureLens 看起来很适合现在给定的任务，但是它也不是没有缺点。举例来说，因为它需要一个 MySQL 数据库服务器，一个 HTTP 服务器，以及一个 Adobe 兼容 Flash 的网页浏览器才能正常运转，所以它设计得特别复杂。像这样从头开始建立一个 FeatureLens 的实例并不是一个轻松的工作，而且，一个不熟练的用户可能要消耗大量的时间来启动它。数据集必须经过语法上的分析，然后存储在数据库中，这是一个终端用户无法进行的操作，所以想检测任何一个数据集是不可能的。在实现 FeatureLens 的系统结构时，设计者选择了各种各样的语言：用Ruby实现后台，XML 实现前端与后台的交流，OpenLaszlo 实现接口。由于编程语言上的多样性，调整和修改 FeatureLens 十分困难。接口的响应能力也降低到了即使是最简单的任务也会影响使用的地步。很明显，我们需要一个好一点的解决方法。

6.9 FutureLens 的特征

FutureLens 是一个文本可视化工具，它实现了许多 FeatureLens 的功能，并且还增加了一些必要的特征。在增加的特征中，最有意义的一个是有了创建术语集合和短语的能力。用户只需要在它们之间单击或者是拖拽所选中的术语抑或是通过实体来实现这一功能。FutureLens 是在标准窗口工具包（Standard Widget Toolkit，SWT）下用 Java 编程语言来实现的，所以它不仅仅跨平台，也使用了原来的框架，使之可以保持与用户使用的平台一致的外观和感觉。考虑到终端用户不熟悉程序，FutureLens 有可以向用户展示它基本功能的内置特性。图 6.10 展示了在Mac OSX下运行的 FutureLens 的一个例子。

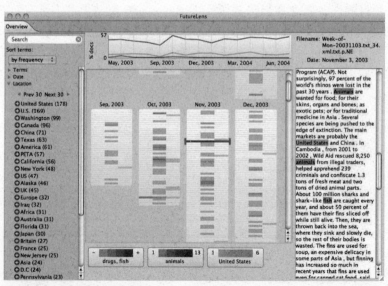

图 6.10 田纳西大学为了实现非负张量分解（NTF）输出结果的可视化而
开发出来的 FutureLens 的原型（用 Java 编写）

　　在这个例子中可以看见 FutureLens 的所有基本功能。图 6.10 底部的几个方框展示了当前正在研究的词汇。这些方框中颜色的亮度暗示了文档中词汇的集中度。图 6.10 顶部有一幅包含了词汇和时间的文档百分比的图，被选定的文档的原文在右边显示，而且被选定的词汇以适当的颜色突出显示。许多词汇可以通过拖放的方式被轻易地添加到扩展模式中。词汇可能被添加到术语集合或者是短语中。当用户在它们之间拖放词汇时，一个术语集合就创建了。一个集合中术语的邻接并不影响搜索结果。如果用户按住 < Copy > 键（鉴于不同的操作系统，这个键会有所不同；例如，在 Mac OSX 上是 < Alt > 键），则会创建一个短语而不是一个词汇集合。在这种情况下，当软件进行搜索操作时，词汇的邻接要被考虑。尽管这种方式对于数据的概括展示很好，我们其实也可以用其他方式通过一种数据聚类方法来获得输出（一组词汇或者实体）。图 6.11 就展示了这样的一个例子。

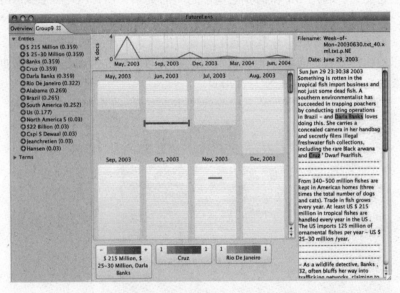

图 6.11　FutureLens 追踪一组词项和实体（人物、地点和组织机构）的共现

　　这个文档包含了在 FutureLens 中作为一个单独的视图载入的非负张量分解（NTF）工具所产生的相关词汇输出。这个视图和概述几乎是一样的。然而，输入文档中所包含的内容却限制了这一列词汇的内容。这样用户就能快速地了解到实体的不同类 ［Bader 等人（2008b）］。

6.10　场景发现举例：生态恐怖主义

　　图 6.12 ~ 图 6.16 展示了如何让 FutureLens 和非负张量分解（NTF 结合使用来快速重建一个与生态恐怖主义相关的、在 VAST 2007 文本语料库中出现的主线情节。在图 6.12 中，一个 NTF 输出组中的数据被载入 FutureLens。每一个 NTF 输出组包含排名前 15（最相关）的实体和排名前 35 的词汇，它们描述了输入数据集的

一个特定特征。用户意识到他或她应该搜寻一些有趣和不道德的场景。这些被选定的词汇［猴痘[⊖]（Monkey-pox），外来的（Exotic），宠物（Pets），毛丝鼠（Chinchilla）］构成了一个良好的起点。然而，用户不会找到与相对常见词汇［宠物（Pets）和外来（Exotic）］相关的所有新闻。因此，这两个词汇组成了一个短语外来宠物（Exotic Pets），就如同图6.13和图6.14中所显示的那样，在一个大的数据集中 FutureLens 是如何允许用户很轻易地定义一个关键的新闻故事。图中所显示的文章中包含了大量的关于在洛杉矶地区、潜在致命病毒猴痘暴发的相关信息。文章显示，病毒的暴发不是偶然的，并且将它与动物权利积极分子——毛丝鼠的繁育者 Cesar Gil 联系了起来。为了完全重建主线情节，如图6.15所示，用户在实体表中选择了 Cesar Gil 和 Gil。然而，这却导致发现了太多的含有 Gil 的实体，而其中大部分与主题无关。利用 Gil 和饲养毛丝鼠之间的关系，用户将毛丝鼠和 Gil 组成了一个集合。这可以帮助用户快速确认出一篇为 Gil 的毛丝鼠饲养业务所做广告的相关文章（见图6.16）。图中并没有显示所有与主线情节相关的文章；然而，FutureLens 可以使用户快速并且简单地确认所有这些文章。FutureLens 还可以帮助用户专注于文章的相关部分［Shutt 等人（2009）］。

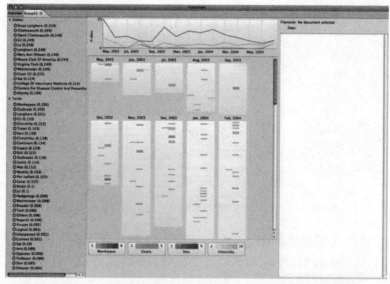

图6.12 将具有生物恐怖主义的 NTF 输出组加载到 FutureLens。左边的组件展示了与 NTF 输出组相关的词项和实体。最上面的图展示了随着时间的推移，选中词项和实体的频率。屏幕中间的每月频率视图使用户随着时间的推移对词共现或实体共现有更详细的了解。可点击月视图，在随后的几张图中给出了点击月视图后的效果

⊖　猴痘是一种病毒性人畜共患病，人类中出现的症状与天花患者身上所看到的症状相似。——编辑注

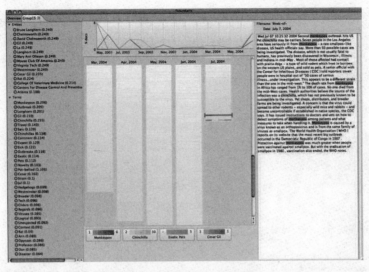

图 6.13　在 FutureLens 中展示短语创建技术。图 6.12 中的词项 Exotic（外来的）和 Pets（宠物）结合成了一个短语 Exotic Pets（外来宠物）。短语创建技术可以大幅减少总的点击量，因此可以减少没有目的的点击，使用户可以集中在自己的搜索目标上。此外，这幅图还展示了用户点击某个月视图的效果——在屏幕右边展示相应的文本。如果用户选择的词项包含在文本中，将会以合适的颜色标识出来。这就使得用户可以迅速确定选中词项的上下文，并且可以确定其他感兴趣的词项或实体。当用户按住 <Copy >键（在 Mac OSX 中是 <ALT >键）将一个选中的词项拖入其他词项中时，即可创建一个短语

99

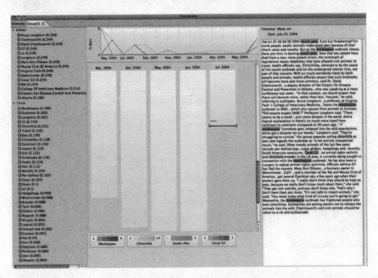

图 6.14　使用 FutureLens 进行关键新闻故事的认定。月视图给出了随着时间推移词共现的便捷可视化。图中展示的词共现允许用户迅速地从大型数据集中提取相关度和信息度最高的文本数据。在本例中，这篇新闻文章包含了所有的用户选择的词项——包含了大量与 Chinchilla（毛丝鼠）相关的信息——生态恐怖主义视图。文章提供的上下文很准确地告诉用户，NTF 输出组中的词项和实体是以何种方式与生态恐怖主义（隐藏于文本数据集中的）相关联的

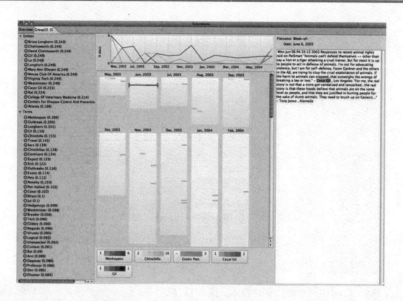

图 6.15　FutureLens 的兴趣搜索实体。图 6.14 中展示的关键新闻故事表明，一个名为 Cesar Gil 的个体在这个场景中扮演着举足轻重的角色。FutureLens 允许用户通过加入这个个体名字（Gil）的其他形式来扩展搜索。然而，这会产生很大一部分不相关的搜索结果。图 6.16 将会展示用户如何使用 FutureLens 的集合创建功能来集中搜索

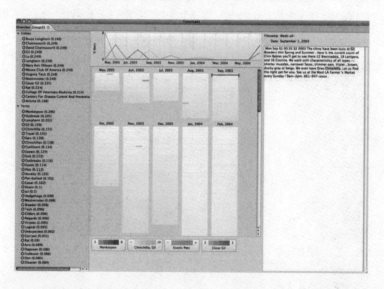

图 6.16　FutureLens 的词项集合创建功能。仅通过将选中的词项拖入其他词项中的方式就可以在FutureLens 中创建词项的集合。因为邻接的词项不影响一组词项的搜索，所以一组词项与一个短语不同。在本例中，用户已经可以确定在一篇新闻中大部分提及 Gil 的地方都提到了词项 Chinchilla（毛丝鼠）。用户创建一组包含这两个词项的组合，从而可以大幅度减少在搜索中单独点击 Gil 的总点击量。而且，这将导致用户发现一篇高相关度的文章——名为 Gil 的个体通过广告来销售毛丝鼠，后来经证实正是他们故意感染了可以潜在致死的猴痘病毒

6.11 场景发现举例：毒品走私

图 6.17 ~ 图 6.21 展示了如何让 FutureLens 和非负张量分解（NTF）结合使用来快速重建一个与毒品走私相关的、在 VAST 2007 文本语料库中出现的场景。在图 6.17 中，相应的 NTF 输出组已经加载到 FutureLens 中。图 6.18 显示词链接技术：热带（Tropical）和鱼（Fish）组合在一起成为短语热带鱼（Tropical Fish）；可卡因（Cocaine）和药品（Drugs）组合在一起成为一个简单的词汇组合。这种操作的结果是，许多新闻消息被找到，其中就包括通过稀有宠物（包括热带鱼）的贸易来掩盖毒品走私（其中包括可卡因走私）的讨论。下一张图，即图 6.19 显示了在实体列表中什么看起来更像是一家公司的名称，Global Ways。如图 6.19 所示，用户可以快速寻找一个新闻故事，它可以确认 Global Ways 作为一个公司，从南美洲进口稀有的热带鱼到美国。根据之前在毒品走私和热带鱼进口之间建立起的联系，我们对 Global Ways 可能还需要深入研究一下。如图 6.20所示，在为 Global Ways 的进口业务做广告的新闻故事发表之后不久，渔类与野生动物管理局就发布了一个警告：避免以水运的方式来进口热带鱼，它们可能会通过迈阿密进入美国。由此可知，一些供货的包装已被一种未知的有毒物质污染了。而 Global Ways 正是嫌疑犯之一。最后，在图 6.21 中确认 Global Ways 的拥有者是 MadhiKim，因此允许分析员继续通过数据集来追踪他们之间的关系。

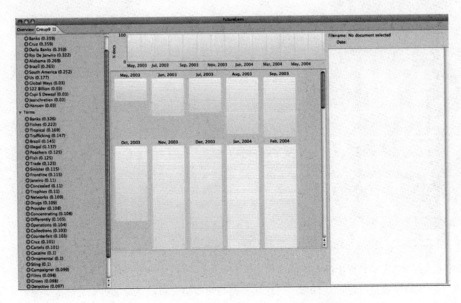

图 6.17　加载到 FutureLens 中的毒品走私 NTF 输出组

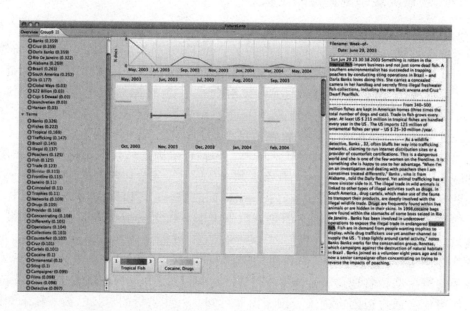

图 6.18　两种类型的词链、短语创建和集合创建，帮助用户迅速确定相关的新闻故事

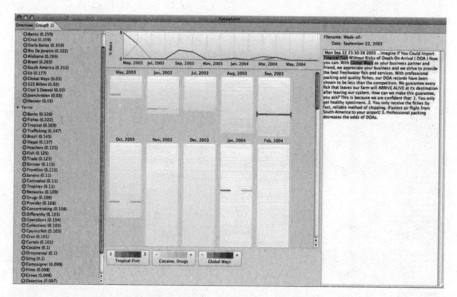

图 6.19　在由 NTF 产生的兴趣的实体中，有一家公司的名字叫 Global Ways。FutureLens
使用户可以进行进一步探索——这家公司与热带鱼交易以及毒品走私之间的关系

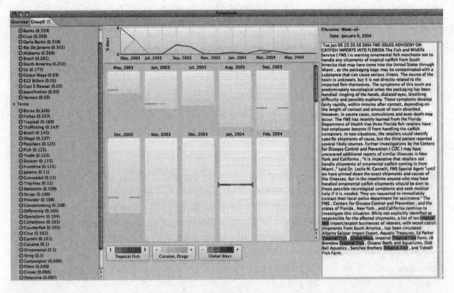

图 6.20 FutureLens 帮助用户确定 Global Ways 与毒品走私相关联的新闻故事

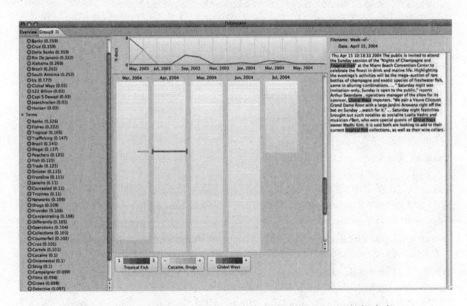

图 6.21 在 FutureLens 的帮助下，确定了 Global Ways 的拥有者。
拥有者在这一点上的联系和关联会被进一步调查

6.12 未来的工作

尽管 FutureLens 提供了大量的主线和场景发现的特征，但它仍有很大的上升空间。它在生成证据时工作得很好，但是却不能在任何类型场景生成的情况下自动化。可以通过向数据集中添加确定有趣特征的方法来创造一个简单的分析工具。就目前而言，由非负张量分解［见 Bader 等人（2008b）］产生的数据挖掘模型的输出必须手工填入软件环境中。只有排除了这些人机交互的部分，才能大大提高其场景发现的效率。动态（随时间变化）数据集的扩展是很有必要的。然而，Future-Lens 的可移植性和它对词汇或短语的追踪能力，使其成为一款公共流通的软件环境，从而为文本挖掘社区做出了巨大的贡献。

参考文献

Bader BW, Berry MW and Browne M 2008a Discussion tracking in Enron email using PARAFAC. In *Survey of Text Mining II: Clustering, Classification, and Retrieval* (ed. Berry M and Castellanos M) Springer-Verlag pp. 147–163.

Bader BW, Puretskiy AA and Berry MW 2008b Scenario discovery using nonnegative tensor factorization. In *Progress in Pattern Recognition, Image Analysis and Applications* (ed. Ruiz-Shulcloper J and Kropatsch WG) Springer-Verlag pp. 791–805.

Commons C 2009a Creative Commons Attribution License 3.0 http://creativecommons.org/licenses/by/3.0/us/.

Commons C 2009b Creative Commons Non-Commercial Attribution license 3.0 http://creativecommons.org/licenses/by-nc/3.0/.

Don A, Zheleva E, Gregory M, Tarkan S, Auvil L, Clement T, Shneiderman B and Plaisant C 2007 Discovering interesting usage patterns in text collections: integrating text mining with visualization. *HCIL Technical Report 2007-08*.

Don A, Zheleva E, Gregory M, Tarkan S, Auvil L, Clement T, Shneiderman B and Plaisant C 2008 Exploring and visualizing frequent patterns in text collections with FeatureLens. http://www.cs.umd.edu/hcil/textvis/featurelens. Visited November 2008.

Feinberg J 2009 Wordle: Beautiful word clouds. http://www.wordle.net. Visited July 2009.

Kaser O and Lemire D 2007 Tag-cloud drawing: Algorithms for cloud visualization. *CoRR*.

Kumar A 2009 The MONK Project Wiki. https://apps.lis.uiuc.edu/wiki/display/MONK/The+MONK+Project+Wiki. Last edited August 2008.

Paley WB 2009 TextArc. http://www.textarc.org/. Visited July 2009.

Parrott WG 2000 Emotions in social psychology: Volume overview. In *Emotions in Social Psychology: Essential readings* (ed. Parrott WG) Psychology Press pp. 1–19.

Scholtz J, Plaisant C and Grinstein G 2007 IEEE VAST 2007 Contest. http://www.cs.umd.edu/hcil/VASTcontest07.

SEASR 2009a Sentiment tracking from UIMA data. http://seasr.org/documentation/uima-and-seasr/sentiment-tracking-from-uima-data/. Visited July 2009.

SEASR 2009b UIMA and SEASR. http://seasr.org/documentation/uima-and-seasr/. Visited July 2009.

Shutt GL, Puretskiy AA and Berry MW 2009 FutureLens: Software for text visualization and tracking *Text Mining Workshop, Proceedings of the Ninth SIAM International Conference on Data Mining, Sparks, NV*.

Steinbock D 2009 TagCrowd: Create your own tag cloud from any text to visualize word frequency. http://www.tagcrowd.com. Visited July 2009.

Viégas FB, Wattenberg M and Dave K 2004 Studying cooperation and conflict between authors with History Flow visualizations *Proceedings of the SIGCHI Conference on Human Factors in Computing Systems*, pp. 575–582. ACM Press.

Viégas FB, Wattenberg M and Dave K 2009 History Flow: Visualizing the editing history of Wikipedia pages http://www.research.ibm.com/visual/projects/history_flow/index.htm.

105

第7章 新颖性挖掘的自适应阈值设置

Wenyin Tang 和 Flora S. Tsai

7.1 简介

在如今这样一个信息化的时代，很容易积累各种文档，如新闻文章、科学论文、博客、广告等，这些文档中包含丰富的信息，同样也含有很多无用的或冗余的信息。对特定主题感兴趣的人可能只希望跟进一些事件的新发展或者是某一主题的新意见。这便激发了人们对新颖性挖掘或是新颖性检测的研究，其目标在于：对于用户指定的特定主题，检索出新颖的、至少是相关的信息 [Zhang 和 Tsai (2009a)]。典型的新颖性挖掘包含两个模块：（1）分类；（2）新颖性挖掘。分类模块将输入的文档归类到相应的主题模块中。新颖性挖掘模块则在相应的主题模块中搜寻含有足够新颖性信息的文档。这一章节将重点关注后一模块。由于它在信息检索中的重要性，在过去的几年中新颖性挖掘受到了很大关注。最初的研究工作已经到达了文档级 [Zhang 等人（2002）]，后来的大部分贡献则主要集中于句子的新颖性研究，如一些发表在 TREC 2002 ~ TREC 2004 新颖性追踪数据中的文档 [Harman（2002），Soboroff（2004），Soboroff 和 Harman（2003）]，一些新颖度测量的对比 [Allan 等人（2003），Tang 和 Tsai（2009），Zhao 等人（2006）]，以及一些集成了大量自然语言处理（Natural Language Processing，NLP）的技术中 [Kwee 等人（2009），Ng 等人（2007），Zhang 和 Tsai（2009b）]。

新颖性挖掘是在指定主题的相关文档中挖掘新颖性文本的过程。任何文档或句子的新颖性都是通过基于历史文档产生的新颖度（一般是由新颖性分数代表）从数量上刻画的。文档或句子是否是新颖的是通过其新颖性分数是否大于某个阈值来决定的。作为一个自适应过滤算法，新颖性挖掘是信息检索中最具挑战性的问题之一。其中最主要的挑战是，如何自适应地设置新颖性分数的阈值。在新颖性挖掘系统中，由于没有或者是仅有少量的训练信息可以获取，所以阈值并不能够预先设定。推动人们设计自适应性新颖性阈值设置方法的因素有很多。起初并没有太多的关于新颖性挖掘的训练信息，而且不同的用户对新颖性的定义可能也不同。自适应阈值的设置动机将会在后面详细解释（见7.2.2节）。

就我们所知，很少有关注于自适应阈值设置的研究。一个简单的阈值设置方法由 Zhang 等人（2002）提出，该方法是基于用户的反馈，如果一个冗余文档被检索为新颖的，那么冗余阈值相应就会减小一些。很显然这是一个功能很弱的算法，它只能减小冗余阈值。这一章节讲述的自适应阈值设置方法是基于对新颖和非新颖的文档的分数分布建立模型。虽然基于分数分布的阈值设置方法已经在检索相关文档或语句中提出 [Arampatzis 等人（2000），Robertson（2002），Zhai 等人（1999），Zhang 和 Callan（2001）]，但是新颖性挖掘中的新颖性分数却具有与众不同的特性。我们在实验研究中发现，在新颖和非新颖这两类中，新颖性分数有很多重叠的部分。直觉上认为这是由于新颖的和非新颖的信息在文档中交错出现而导致的，然而在相关性检索问题中，大多数的不相关文档与相关文档只有很小的相似性。其次，我们发现在新颖和非新颖的类中，新颖性分数大致都呈高斯分布（见7.2.3 节）。在相关检索问题中，不相关文档的分数服从指数分布，这也表现了不相关文档与相关文档是不相似的 [Arampatzis 等人（2000）]。

为了阈值的设置，两类文档的分数分布针对构建优化准则提供了全局的必要信息，在新的用户反馈到来之前，由优化准则优化的阈值是我们可以得到的最好的结果。我们建议的方法：基于高斯分布的自适应阈值设置算法（Gaussian-based Adaptive Threshold Setting，GATS），是一个通用的算法，它可以通过采用不同的优化准则，随着不同的性能需求进行调整，比如 F_β 计分法 [见式（7.7）]，正是通过 β 的取值平衡了准确率和召回率。

新颖性挖掘系统结合 GATS 已经在文档级和语句级的数据上测试过，而且还与使用不同固定阈值的新颖性挖掘系统做了比较。实验表明，在文档级和语句级这两个层面上，GATS 都有很好的表现。

本章的其余部分组织如下：7.2 节首次分析了设置新颖性挖掘阈值的动机，并介绍了 GATS 算法。7.3 节分别从文档级和语句级对 GATS 进行了测试。7.4 节对本章进行了总结。

7.2　新颖性挖掘中的自适应阈值设置

7.2.1　背景

新颖性挖掘是在指定主题的相关文档中挖掘新颖性文章的过程。对文档和句子（为了不失一般性，我们稍后会只对文档进行研究）的新颖性挖掘可以被新颖性度量标准度量，它由新颖性分数代表。最常用的新颖性度量是余弦距离度量，本章将使用这种度量，因为它比其他复杂的度量得到的结果更好 [Zhang 等人（2002）]。由于余弦相似度并没有直接度量新颖性，所以我们用 1 减去余弦相似度来将其转换成新颖性分数。余弦相似度新颖性度量将当前文档与历史文档进行比较，其中最小的新颖性分数将被当成当前文档的新颖性分数。确切地说：

$$N_{\cos}(\boldsymbol{d}_t) = \min_{1 \leqslant i \leqslant t-1}[1 - \cos(\boldsymbol{d}_t, \boldsymbol{d}_i)] \tag{7.1}$$

$$\cos(\boldsymbol{d}_t, \boldsymbol{d}_i) = \frac{\sum_{k=1}^{n} w_k(\boldsymbol{d}_t) \cdot w_k(\boldsymbol{d}_i)}{\|\boldsymbol{d}_t\| \cdot \|\boldsymbol{d}_i\|}.$$

其中，$N_{cos}(d)$ 表示文档 d 基于余弦相似度的新颖性分数；$w_k(d)$ 代表文档权值向量 d 中的第 k 个单词的权重。权重在这里指的是词频。

判断一个文档是否是新颖的最终是根据其新颖性分数是低于还是高于某个值。被标记为新颖的文档将进入历史文档列表。

当新颖性挖掘采用一个固定的阈值时，系统没有用户的反馈，整个过程是不受监管的。当新颖性挖掘采用自适应的阈值设置方法时，系统需要对任一用户的反馈做出反应。基于用户的反馈，算法会输出新的阈值来取代当前阈值，并将其应用到新的文档新颖性判别中直到收到新的用户反馈。必须指出的是，当没有用户反馈的时候，系统将最初所取的阈值固定为阈值。

7.2.2　动机

有很多原因促使我们来为新颖性挖掘设计自适应阈值的设定方法。首先，最初的新颖性挖掘没有或只有一少部分训练信息，所以预先设定阈值非常困难。设定阈值必要训练信息包括数据的统计和用户的阅读习惯。比如：一个带有90%新颖性文档的主题相应就需要一个比较低的阈值，以便可以检索到更多的文档。另一方面，不同的用户可能对"新颖"这个概念有不同的定义。比如：有的用户可能认为一篇含有50%新颖信息的文档就是新颖文档，然而其他用户则可能认为含有80%新颖信息的文档才是新颖文档。对于要求严格的用户相应的新颖性分数阈值应该比要求低的人要高一些。伴随着新颖性挖掘系统的慢慢积累和用户不断的反馈信息，我们可以接触到更多阈值设定所需的训练信息。自适应的阈值设置算法可以利用这些接触到的信息并制定出用户所需要的新颖性挖掘系统。

满足不同的性能需求是新颖性挖掘使用自适应阈值设置的另一个主要原因。比如，当用户不想错过任何新颖信息时，需要一个能够过滤冗余文档的、具有高召回率的系统。当用户想要先阅读最新颖文档时，此时一个只检测高新颖性文档的、高准确率的系统则是要优先考虑。因此，阈值应该根据性能需求的变化来进行调整。

接下来，将介绍我们所提出的方法 GATS，并且解释它是如何在新颖性挖掘中工作的。

7.2.3　基于高斯分布的自适应阈值设置

基于高斯分布的自适应阈值设置（GATS）是基于分数分布的阈值设定方法。根据高斯概率分布，这种方法分别为新颖和非新颖的文档设立分数分布模型。两类文档的分数分布为数据提供了全局的信息，由此我们便可以建立一个搜索最优阈值的优化准则。因此，GATS 中两个最主要的问题是：（1）为新颖性分数分布建立模型；（2）为搜索最优阈值构造优化准则。下面，我们将分别介绍这两个问题。

新颖性分数分布

假设这里有 n 个训练文档，d_1，d_2，…，d_n，这些文档不是属于新颖类 c_1 就是属于非新颖类 c_0。对每个文档 $d_i(i=1,2,…,n)$，其新颖性分数 x_i 可以根据一些新颖性度量来评估，比如式（7.1）中定义的余弦相似度。

找到数据的新颖性分数分布需要一些训练数据。在这里，我们使用来自 TREC 2004 新颖性追踪数据 ［Soboroff（2004）］ 中的主题 N54 和主题 N69，并且假设所有的新颖和非新颖的文档都已经被提前划分。两个训练数据集都将分别进行如下步骤。

步骤 1：运用式（7.1）计算每个文档 d_i（$i = 1, 2, \cdots, n$）的新颖性分数 x_i，其中的历史文档列表包含了所有的历史新颖文档。

步骤 2：将每个类的分数分到一些宽度相等且值为 ［max（scores）-min（scores）］/ no. of bins 的集合中，其中，no. of bins 表示集合的数量，每个类 c_k 的集合的数量等于一个小于 $n_k/5$ 的最大整数（记为 m）。然后，我们可以得到在第 k 个类的第 l 个集合中文档的数量，记为 $n_{k,l}$，其中，$l = 1, 2, \cdots$, no. of bins，且 $k \in \{c_0, c_1\}$。

步骤 3：得到新颖性分数的分布，其中每个集合中的文档的数量都可归一化为

$$p_e(x|c_k) = \frac{\text{no. of bins}}{n_k} \times n_{k,l} \tag{7.2}$$

其中，n_k 和 $n_{k,l}$ 分别是每个类 c_k 中文档的数量和第 k 个类的第 l 个集合中文档的数量。图 7.1 和图 7.2 分别展示了主题的 N54 和主题 N69 的新颖性分数的分布。

随机变量为 X、均值为 μ、方差为 σ^2 的高斯分布（又称正态分布）的概率密度函数为

$$p(x) = \frac{1}{\sigma\sqrt{2\pi}} e^{-\left(\frac{x-\mu}{\sigma\sqrt{2}}\right)^2} \tag{7.3}$$

如果我们假设新颖类和非新颖类的新颖性分数都服从高斯分布，那么对每个类 c_k，$k \in \{0, 1\}$，高斯分布的密度函数 $p(x|c_k) \sim G(\mu_k, \sigma_k^2)$ 的极大似然估计可以由下面的公式给出

$$\mu_k = \frac{1}{n_k} \sum_{i \in c_k} x_i \tag{7.4}$$

$$\sigma_k^2 = \frac{1}{n_k} \sum_{i \in c_k} (x_i - \mu)^2 \tag{7.5}$$

每个类的高斯分布概率密度函数在图 7.1 和图 7.2 中用虚线表示。图中显示，无论是新颖类还是非新颖类的新颖性分数都很好地符合高斯分布。

优化准则

假设我们有输入文档流 $d_1, d_2, \cdots, d_n$，其中有 n_1 个新颖文档。在由阈值为 θ 的新颖性挖掘系统进行过滤后，任一文档都被分配到如表 7.1 所示的四个类中。

表 7.1　新颖性挖掘系统的列联表

	新颖	非新颖
被检索到的	R_1	R_0
未被检索到的	N_1	N_0
总数	n_1	n_0

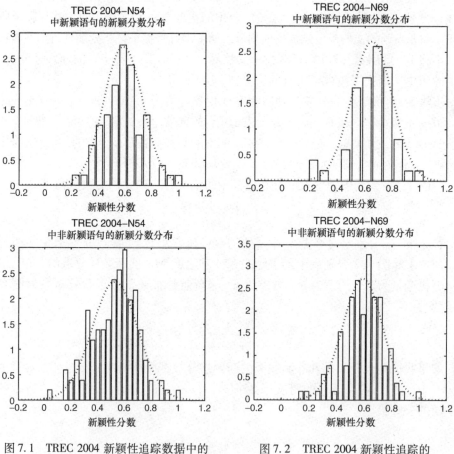

图 7.1 TREC 2004 新颖性追踪数据中的
主题 N54 的先验概率分布估计

图 7.2 TREC 2004 新颖性追踪的
主题 N69 的先验概率估计

　　准确率（precision）和召回率（recall）是信息检索中被广泛用于评价实验结果的参数。准确率被用来刻画是否准确，召回率则被用来刻画是否完整。在新颖性挖掘中，准确率反映了系统所检索出的文档有多少是正确的，召回率反映的则是新颖文档中有多少是可以被系统检测出的。新颖文档的准确率和召回率的定义如下：

$$\text{precision} = \frac{R_1}{R_1 + R_0},$$

$$\text{recall} = \frac{R_1}{n_1} \tag{7.6}$$

　　在新颖性挖掘中，最常用的评价参数是 F 值〔（Soboroff（2004）〕（请参照本书的 3.4 节），它是准确率和召回率的调和平均数：

$$F = \frac{2 \times \text{precision} \times \text{recall}}{\text{precision} + \text{recall}} \tag{7.7}$$

另外，F 值也是 F_β 的特殊情况，它是准确率和召回率的加权调和平均数：

$$F_\beta = \frac{1}{\dfrac{\beta}{\text{precision}} + \dfrac{1-\beta}{\text{recall}}} \tag{7.8}$$

其中，β 是用来调节准确率和召回率的参数。

列联表中每个类的文档数量 R_1、R_0、N_1 和 N_0 都是关于 θ 的函数，而且它们可以被新颖类和非新颖类的概率分布预测。比如，对于一个给定的阈值 θ，$R_1(\theta)$ 的估计值与新颖性分数比 θ 高的新颖文档成比例，确切地说：

$$
\begin{aligned}
R_1(\theta) &= n_1 \cdot P(x > \theta \mid c_1) \\
&= n_1 \cdot \int_\theta^{+\infty} p(x \mid c_1)\,\mathrm{d}x
\end{aligned}
\tag{7.9}
$$

类似地，我们可以得到其他几个函数：

$$
\begin{aligned}
R_0(\theta) &= n_0 \cdot P(x > \theta \mid c_0) \\
N_1(\theta) &= n_1 \cdot P(x < \theta \mid c_1) \\
N_0(\theta) &= n_0 \cdot P(x < \theta \mid c_0)
\end{aligned}
\tag{7.10}
$$

将式 (7.9) 和式 (7.10) 代入式 (7.6)，准确率和召回率可以就写成关于 θ 的函数，即

$$\text{precision}(\theta) = \frac{P_{c_1} P(x > \theta \mid c_1)}{P_{c_1} P(x > \theta \mid c_1) + P_{c_0} P(x > \theta \mid c_0)} \tag{7.11}$$

$$\text{recall}(\theta) = P(x > \theta \mid c_1) \tag{7.12}$$

其中，P_{c_1} 和 P_{c_0} 分别是新颖类和非新颖类的先验概率，它们可以用下式进行估计：

$$
\begin{aligned}
P_{c_1} &= n_1/n \\
P_{c_0} &= n_0/n
\end{aligned}
\tag{7.13}
$$

111

在得到了准确率和召回率关于 θ 的函数后，我们就可以通过构建优化准则来确定最佳阈值。将式 (7.11) 和式 (7.12) 代入式 (7.7)，我们可以得到标准 $F_\beta(\theta)$，当它取值最大的时候就可以得到最佳阈值 θ^*。

$$
\begin{aligned}
\theta^* &= \arg\max F_\beta(\theta) \\
&= \arg\max_\theta \frac{1}{\dfrac{\beta}{\text{precision}(\theta)} + \dfrac{1-\beta}{\text{recall}(\theta)}} \\
&= \arg\max_\theta \frac{P(x > \theta \mid c)}{\beta\left[P(x > \theta \mid c_0) + \dfrac{P_{c_0}}{P_{c_1}} P(x > \theta \mid c_0)\right] + (1-\beta)}
\end{aligned}
\tag{7.14}
$$

GATS 是一种可以应用不同的优化标准，并且可以根据性能需求的变化而进行调整的通用的方法。借助 F_β 可以改变参数 β 的大小，这样 GATS 就能根据某一特定的性能需求自动地设置阈值。若 β 取大值那么准确率所占的比重将会被加大，就可以得到一个面向准确率的系统。关于 β 对性能的监控我们将会在后面的 7.3 节中详细讨论。

7.2.4　实现过程中的问题

GATS 存在很多实现过程中的问题。第一个问题是 GATS 如何与新颖性挖掘结合，图 7.3 展示了 GATS 结合新颖性挖掘的流程图。在对第 i 个文档 d_i（$i = 1, 2, \cdots,$）进行预测之后，系统将会检测对当前文档或者任一历史文档是否存在新的用户反馈。如果此时有任一新的反馈的话，那么现有的阈值将会被 CATS 更新。最后，系统将会应用这个新阈值来预测下一个输入文档。

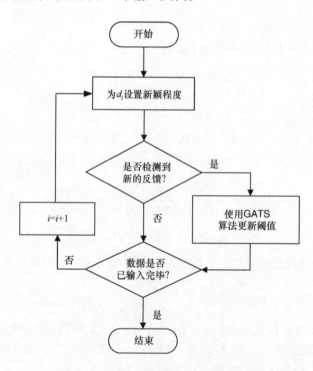

图 7.3　使用 GATS 算法的新颖性挖掘

第二个实现问题是在新颖性挖掘的初期，GATS 对于高斯概率估计是否有足够的反馈数量。我们在实验中发现，在新颖类和非新颖类中，最小的反馈数量 n_{min} 不能小于 4。一个更小的 n_{min} 将会降低概率估计的准确性，导致高斯概率模型不可靠，但是一个更大的 n_{min} 将会导致系统在积累足够多的反馈之前无法启动自适应阈值设置。在我们的实验研究中，新颖类和非新颖类的最小反馈数量 n_{min} 均设为 4。

当反馈的数量无法满足 n_{min} 的需求时，就必须在最初设定一个阈值。因此，设置最初的阈值成为另一个要实现的问题。鉴于新颖性挖掘的性能，我们发现在文档积累的最初阶段有更多的新颖性文档。因此，最初设定的新颖性阈值应该小一点，这样才可以使更多的文档被检索到。随着文档的积累，用户反馈也会增加。在实验中，我们设置最初的阈值 $\theta = 0.3$。

7.3　实验研究

7.3.1　数据集

两个最常用的数据集——TREC 2004 新颖性追踪数据［Soboroff（2004）］和 TREC 2003 新颖性追踪数据［Soboroff 和 Harman（2003）］，会被应用到我们的实验中。TREC 2004 和 TREC 2003 这两个新颖性追踪数据是由 AQUAINT collection 开发的。文档的新闻提供者包括 XinHua、New York Times 和 APW⊖。这些数据将用在语句级别的新颖性挖掘中，TREC 的评估人已经从美国国家标准与技术研究所（National Institute of Standards and Technology，NIST）中选出了关于所有五十个主题的相关并且新颖的句子。在 TREC 2004 中，总共有 8343 个相关的句子，其中有 3454（占 41.4%）个句子是新颖的。而在 TREC 2003 中，总共有 15557 个句子，其中有 10226（占 65.7%）个句子是新颖的。

根据 TREC 2004 和 TREC 2003 中句子级别的数据，我们建立了文档级的数据集，文档级 TREC 2004 和文档级 TREC 2003。为了获得文档，我们首先要根据句子类型（标题或正文）将句子按照文档的 id 整合成文档。然后，我们在 TREC 2004 或 TREC 2003 中进行实验。由于我们已经掌握了每个 TREC 句子新颖性的真实情况，因此很容易就可以得到文档中新颖句子所占的比例（Percentage of Novel Sentences，PNS）。如果我们设置一个低的 PNS 阈值，那么数据集中的大部分文档会被定义为新颖。通过选择不同的阈值，我们可以根据不同的 PNS 值观察 GATS 在文档级新颖性挖掘中的性能。

在实验研究中，重点是新颖性挖掘而不是相关文档的分类。因此，我们的实验都是在指定相关文档（语句）的条件下开始的，从中选出新颖的文档（语句）。

7.3.2　加工实例

为了实际说明 GATS 的应用，我们将展示一个语句级新颖性挖掘的 GATS 算法的应用实例。考虑下面从 TREC 2003 中选出的句子：

1. CLUES POINT TO PHILIPPINE STUDENT AS VIRUS AUTHOR By JOHN MARKOFF c. 2000 N. Y. Times News Service.

2. Law enforcement officials and computer security investigators focused on the Philip-

---

⊖　此处疑为 AP(美联社)。

113

pines Friday in their search for the author of a software program that convulsed the world's computer networks.

3. Investigators in both Asia and the United States said clues appeared to point to a college student in his early 20s using a Philippine Internetservice provider.

4. The rogue program, borne as an attachment to an e-mail with the subjectline "I Love You," surfaced in Asia on Wednesday.

5. It moved from there to Europe and the United States on Thursday, cloggingor disabling corporate e-mail systems and destroying data on personal computers.

6. Although the spread of the infection appeared to slow Friday, at least eight variations of the original program had been identified by antivirus firms.

7. Once it is launched, the "I Love You" program, among other things, tries to fetch an additional program from a Philippine Web site enabling it to steal passwords from the victim's computer.

8. American security experts said they had found evidence that a person using the "spyder" alias found inthe "I Love You" program had written two versions of a password-stealing program found in recent months.

9. "Our theory is that he had written this program twice and was looking for a way to get broader distribution for it," said Peter S. Tippett of ICSA. net, a computer security firm based in Reston, Va.

10. At the same time, Fredrik Bjorck, a Swedish computer security researcher who last year helped identify the author of a similar program called Melissa, told Swedish television that he had identified the perpetrator of the latest attack as a German exchange student named Mikael.

11. He said that Mikael was in his 20s and that he had used Internet service providers in the Philippines to spread his programs.

12. Bjorck said Mikael had published information on how to get rid of the "I Love You" program.

13. He did not identify Mikael's location.

14. The ICSA. net researchers said they had disassembled one of the four components of the "I Love You" program and had discovered that its instructions closely matched two similar programs that they had captured last fall and in January.

15. Once a computer was infected, the program was set up to fetch the password-stealing component from a Philippine Web site.

16. After it was installed in the computer it was programmed to relay the stolen passwords to an e-mail account also in the Philippines.

17. But after the "I Love You" outbreak was detected on Wednesday, the company

running the Philippine Web site, Sky Internet, quickly removed the password program from its system.

18. Computer investigators said that both the "I Love You" program and the password-stealing modules discovered earlier had references to Amable Mendoza Aguiluz Computer College, which they said had seven campuses in the Philippines.

当语句级新颖性挖掘使用一个固定的阈值大小 0.55 时，语句 9、11 和 15 均会被定义为非新颖的，如图 7.4 所示（图中 "×" 表示非新颖，"√" 表示新颖）。如果我们提供如图的反馈并且使用 GATS 重新对语句进行操作，那么阈值将会自动地进行自适应变化。如图 7.4 所示，我们将标记为 "Novel"（新颖）的语句 2 ~ 5 的反馈（Feedback）设置为 "1"，将标记为 "Nonnovel"（非新颖）的语句 8、9、11 和 15 的反馈设置为 "0"。在这样的场景下，基于用户的反馈运行 GATS 后，语句 16 的阈值（Novelty Threshold）被自动地更新为 0.60，如图 7.5 所示。在这个图中，语句 16 与最相似的语句（在这里是语句 15）进行比较，由于其新颖性分数（Novelty score）为 0.5980，低于设置的阈值，但是语句 16 现在却被标记为 "Nonnovel"（非新颖）。在图 7.6 中，语句 16、17 和 18 由 "Novel"（新颖）变成 "Nonnovel"（非新颖），这是基于用户所给的反馈自适应调整阈值而得到的结果。这个实例展示了 GATS 是怎样为一个真实场景服务的。

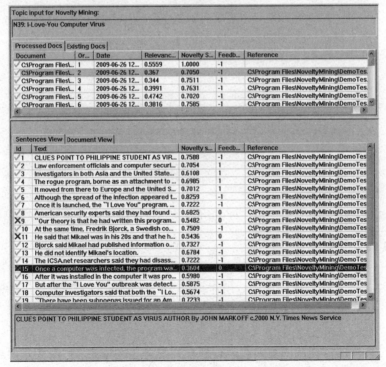

图 7.4　对 TREC 2003 中的主题 N39 进行语句级新颖性挖掘的结果

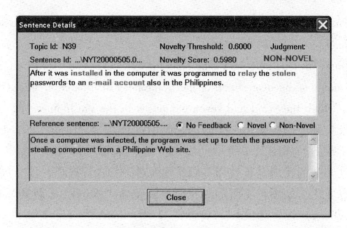

图 7.5 运行 GATS 后语句 16 的阈值（Novelty Threshold）变为 0.6000

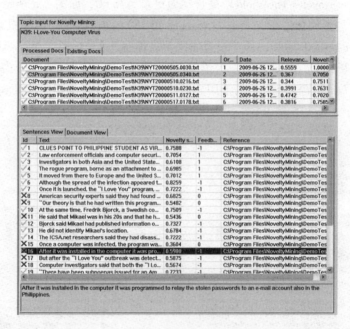

图 7.6 运行 GATS 后对 TREC 2003 中的主题 N39 进行语句级新颖性挖掘的结果

7.3.3 实验及结果

我们也把使用 GATS 算法的新颖性挖掘同使用固定阈值的新颖性挖掘做了对比。图 7.7 显示了将这两种算法应用在 TERC 2004 新颖性追踪数据上的准确率-召回率曲线（PR 曲线）。在信息检索中，PR 曲线经常用在算法的比较上面，当一个算法的 PR 曲线的下方有较大区域时，此时被认为是一个更好的算法［Davis 和 Coadrich（2006）］。使用固定阈值进行新颖性挖掘，相应的 PR 曲线是通过改变固定阈值来确定的，阈值的取值范围为 0.05～0.95。对每个阈值，我们都计算了其准确率和召回率，并且计算了其对 50 个主题来说的平均准确率和平均召回率。对于使用 GATS 的新颖性挖掘来说，PR 曲线是通过改变优化准则 F_β 的参数 β 来确定的，β 的取值范围为 $0.1 \sim 0.9$。同样，对每个 β 值，我们都计算了其准确率和召回率，并且计算了其对 50 个主题来说的平均准确率和平均召回率。

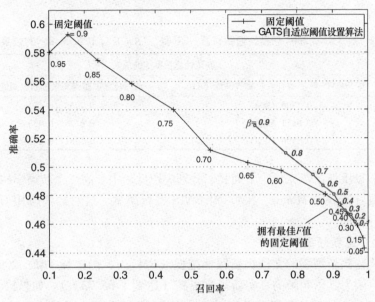

图 7.7　对 TREC 2004 新颖性追踪数据，固定阈值的新颖性挖掘系统与全用户反馈的应用 GATS 算法的自适应阈值设置（调整 F_β）系统的准确率-召回率曲线对比

我们可以从图 7.7 中观察到，使用 GATS 算法的新颖性挖掘和固定阈值的新颖性挖掘的效果的不同。GATS 的准确率和召回率不会落在极端的数值上，且其 F 值非常低。在实际问题中，用户往往需要在准确率不低于某个下界时有一个较高的召回率，或是在一个召回率不低于某个下界时有一个较高的准确率。一个非常高的召回率结合一个非常低的准确率是没有用的，因为这种系统会将所有的文档都标记成新颖。而在另一方面，一个非常高的准确率结合一个非常低的召回率意味着非常少的文档被标记成了新颖。这两种情况意义都不大。

此外，由于并没有足够的先验信息供用户选择一个合适的固定阈值，预先设定阈值的系统无法找到准确率和召回率之间的一个合适的平衡，所以很难拥有一个合适的 F 值。相反，GATS 可以根据反馈来自动地优化 F 值。

除了 PR 曲线，我们还可以通过比较 F 值来比较两个算法。表 7.2 显示了当 F_β 值中的参数 β 分别取值为 0.2、0.5 和 0.8 时，两个算法的效果。在使用了 GATS 算法的新颖性挖掘系统中，参数 β 也被相应地设置成了 0.2、0.5 和 0.8。对使用了固定阈值的新颖性挖掘系统来说，最高的 F_β 值是通过反复实验得到的。在表 7.2 中，通过与效果最佳的固定阈值进行比较，我们发现在对 TREC 2004 新颖性追踪数据的处理过程中，GATS 可以获得相差不大或者略好的效果。对于 $F_{0.2}$、$F_{0.5}$ 和 $F_{0.8}$ 来说，其对应的最佳阈值分别是 0.15、0.45 和 0.60。通过观察图 7.7 可以发现，相应的效果最佳的阈值的 *PR* 曲线以下的区域被 GATS 的 *PR* 曲线以下的区域所覆盖。这表明，在不同需求的情况下，在找寻最佳阈值方面 GATS 拥有更好的效果。

表 7.2 对 TREC 2004 新颖性追踪数据，不同 F_{β}（$\beta = 0.2$，0.5，0.8）的效果比较

	新颖性挖掘系统的效果	
	基于 GATS 算法的自适应阈值设置（β）	通过反复试验得到最佳固定阈值（θ）
$F_{0.2}$	0.7706（0.2）	0.7758（0.15）
$F_{0.5}$	0.6155（0.5）	0.6126（0.45）
$F_{0.8}$	0.5396（0.8）	0.5281（0.60）

我们假设反馈已经完成，下面我们分别应用低、中、高三个新颖率的文档级的新颖性挖掘（Novelty Mining，NM）对 GATS 进行测试。这对如何应用 GATS 将起到一个指导作用。

情况 1：高新颖率

为了构建高新颖率的文档级新颖性挖掘（NM），我们选择 TREC 2003 新颖性追踪数据，因为其语句级的真实新颖率很高（达到了 65.73%）。如果设置 PNS 的阈值为 0.25，文档级的新颖率为 79.2%，也就是说有 79.2% 的输入文档是新颖的。在这种情况下，GATS 没有固定阈值的最佳效果好（见图 7.8）。

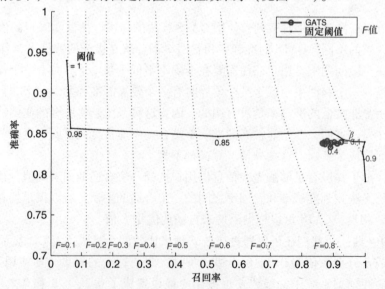

图 7.8 对于文档级的 TREC 2003 新颖性追踪数据，固定阈值新颖性挖掘（NM）系统和完成反馈的应用 GATS 算法自适应阈值设置（改变 F_{β}）系统的准确率-召回率曲线对比（设置 PNS 的阈值为 0.25）

情况 2：中新颖率（30% ~ 75%）

我们选择 TREC 2004 新颖性追踪数据来构建中等新颖率的文档级新颖性挖掘（NM），因为其语句级的真实新颖率为 41.4%。当 PNS 的阈值设置为 0.03 时，文档级新颖率为 47.73%，也就是说有 47.73% 的输入文档是新颖的。在这种情况下，GATS 的效果与固定阈值的最佳效果相当（见图 7.9）。

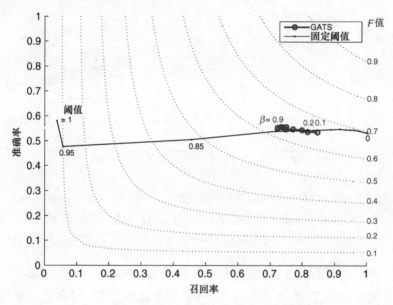

图 7.9　对于文档级的 TREC 2004 新颖性追踪数据，固定阈值的新颖性挖掘（NM）系统和完成反馈的应用 GATS 算法的自适应阈值设置（改变 F_β）系统的准确率-召回率曲线对比（设置 PNS 的阈值为 0.03）

情况 3：低新颖率（30%）

我们同样选择 TREC 2004 新颖性追踪数据来构建低新颖率的文档级新颖性挖掘（NM），当 PNS 阈值设置为 0.5 时，文档级新颖率为 27.71%，也就是说有 27.71% 的输入文档是新颖的。在这种情况下，GATS 的效果要比固定阈值的最佳效果好（见图 7.10）。

讨论

虽然 GATS 与固定阈值都是通过 β 来调控准确率和召回率的，但是它们在新颖性挖掘中却扮演了不同的角色。固定阈值无法直接反映出准确率和召回率之间的关系。由于不同的数据可能有不同的特点，不同的指标可能输出不同的新颖性分数，因此固定阈值算法很难提前准确定义。相反，GATS 的参数 β 则直接地反映了准确率和召回率之间的关系（β 代表准确率的权值，$1-\beta$ 代表召回率的权值），这可以根据不同的效果要求直接设定。

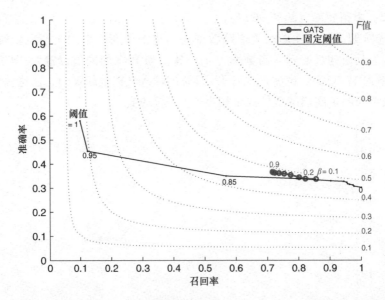

图 7.10 对于文档级的 TREC 2004 新颖性追踪数据，固定阈值的新颖性挖掘（NM）系统和完成反馈的应用 GATS 算法的自适应阈值设置（改变 F_β）系统的准确率-召回率曲线对比（设置 PNS 的阈值为 0.5）

从低、中、高三个新颖率的文档级新颖性挖掘（NM）的实验结果中，我们发现 GATS 对低新颖率的 NM 非常有用，对中新颖率比较有用，对高于 75% 的新颖率的 NM 则效果不如固定阈值的最佳效果。因此，不推荐将 GATS 使用于主题新颖率较高的情况。在这种情况下，设置一个低的阈值来找出大部分的新颖性文档是个更好的选择。

7.4 总结

本章主要讲述了根据用户的反馈自动设置阈值的问题。我们提出的方法：基于高斯分布的自适应阈值设置算法（GATS），根据高斯分布将新颖类和非新颖类的新颖性分数的分布建模。从用户反馈学习的新颖类分布描述了数据的全局信息，可以用来构造搜索最佳阈值的优化准则。GATS 是一个通用方法，它可以根据不同的性能需求，并结合不同的优化准则进行不同的调整。在本章节中，在新颖性挖掘方面最常用的效果评价标准是 F_β 值，它成为了一种优化准则。F_β 值是准确率和召回率的加权调和平均数，其中 β 和 $1 - \beta$ 分别代表准确率和召回率的权值。

在实验中，在完成用户反馈的情况下，我们分别应用低、中、高三个新颖率的文档级的新颖性挖掘（NM）来对应用了 GATS 算法的 NM 系统进行了测试。实验结果表明，GATS 在找寻 NM 系统中的最佳阈值上是非常有效的。此外，GATS 可以通过设置准确率和召回率的权重来满足不同的效果需求。GATS 对低新颖率的数据非常有用，对中等新颖率的数据比较有用，对高新颖率的数据作用不大。

参考文献

Allan J, Wade C and Bolivar A 2003 Retrieval and novelty detection at the sentence level. *SIGIR 2003, Toronto, Canada*, pp. 314–321 ACM.

Arampatzis A, Beney J, Koster CHA and Weide TP 2000 KUN on the TREC-9 filtering track: Incrementality, decay, and threshold optimization for adaptive filtering systems. *TREC 9 – the 9th Text Retrieval Conference*.

Davis J and Coadrich M 2006 The relationship between precision-recall and ROC curves. *Proceedings of the 23rd International Conference on Machine Learning*, pp. 233–240.

Harman D 2002 Overview of the TREC 2002 Novelty Track. *TREC 2002 – the 11th Text Retrieval Conference*, pp. 46–55.

Kwee AT, Tsai FS and Tang W 2009 Sentence-level novelty detection in English and Malay. *Lecture Notes in Computer Science (LNCS)* vol. 5476 Springer pp. 40–51.

Ng KW, Tsai FS, Goh KC and Chen L 2007 Novelty detection for text documents using named entity recognition. *6th International Conference on Information, Communications and Signal Processing*, pp. 1–5.

Robertson S 2002 Threshold setting and performance optimization in adaptive filtering. *Information Retrieval* **5**(2–3), 239–256.

Soboroff I 2004 Overview of the TREC 2004 Novelty Track. *TREC 2004 – the 13th Text Retrieval Conference*.

Soboroff I and Harman D 2003 Overview of the TREC 2003 Novelty Track. *TREC 2003 – the 12th Text Retrieval Conference*.

Tang W and Tsai FS 2009 Intelligent novelty mining for the business enterprise. *Technical Report*.

Zhai C, Jansen P, Stoica E, Grot N and Evans DA 1999 Threshold calibration in CLARIT adaptive filtering. *Proceedings of the Seventh Text Retrieval Conference, TREC-7*, pp. 149–156.

Zhang Y and Callan J 2001 Maximum likelihood estimation for filtering thresholds. *ACM SIGIR 2001*, pp. 294–302.

Zhang Y and Tsai FS 2009a Chinese novelty mining *EMNLP'09: Proceedings of the Conference on Empirical Methods in Natural Language Processing*, pp. 1561–1570.

Zhang Y and Tsai FS 2009b Combining named entities and tags for novel sentence detection. *ESAIR'09: Proceedings of the WSDM'09 Workshop on Exploiting Semantic Annotations in Information Retrieval*, pp. 30–34.

Zhang Y, Callan J and Minka T 2002 Novelty and redundancy detection in adaptive filtering. *ACM SIGIR 2002, Tampere, Finland*, pp. 81–88.

Zhao L, Zheng M and Ma S 2006 The nature of novelty detection. *Information Retrieval* **9**, 527–541.

第8章 文本挖掘与网络犯罪

April Kontostathis，Lynne Edwards 和 Amanda Leatherman

8.1 简介

根据最新的网络犯罪的研究，大约有七分之一的青少年（10~17岁）在网络中经历过性接近和性诱惑［美国全国失踪和被虐儿童中心（2008）］。为了应对这种日益增长的情况，人们建立了一些非盈利的执法协作组织来处理因特网中存在的性骚扰。其中最著名的是打击伤害青少年的网络犯罪（Internet Crimes Against Children，ICAC）特别工作组［ICAC（2009）］。ICAC 工作组的计划是帮助各州和当地执法机构加强他们对应用因特网、社交网站或者是其他的计算机技术对青少年实施性骚扰的犯罪分子的调查。这项计划是由美国司法部及少年司法和犯罪预防办公室组织的——现在由59个区域任务小组组成。

美国失踪与受虐儿童援助中心（The National Center for Missing and Exploited Children，NCM EC）建立了一个举报儿童性侵犯的检举热线，这个检举热线是专门针对包括青少年色情文学，网上引诱青少年性行为，在家庭之外虐待青少年，青少年色情观光，青少年卖淫活动，主动向青少年提供淫秽材料等在内的犯罪活动。热线的所有来电均会被接入到最适合的执法部门，其呼叫数量相当惊人。从1998年3月份检举热线开通以来，到2009年4月20日，总共有44 126起关于"引诱青少年性行为"的犯罪活动被举报，这只是报告类别中的一个。仅2009年4月20日所在的那个星期，就有146起［NCMEC（2008）］。

Perverted-Justice. com（以下简称 PJ）的业主从2002年就开始了针对网络捕食者的基层调查。当 PJ 志愿者在聊天室中发现嫌疑人（想与青少年发生性关系的成人）与他们接近时，便会伪装成青少年。我们现在要做的工作就是处理 PJ 志愿者收集来的对话，理解网络捕食者的交谈方式。

根据国家预防犯罪委员会（National Crime Prevention Council，NCPC）的报告，网络欺凌（是指应用互联网、手机和视频游戏系统，或者其他技术发送或邮寄文本或图像，意图伤害他人或使他人为难的行为）在青少年中造成的威胁越来越大。在2004年，有一半的受访青少年或他们身边所了解的人遭遇过网络欺凌［NCPC（2009a）］。成为一个网络欺凌的受害者是一个痛苦而且很普遍的经历。近20%的青少年遭遇过被伪装成其他人的嫌疑人欺骗的网络欺凌行为；17%的青少年被冒充并在网上向其他人说谎；13%的青少年被冒充与其他人在网上交流。10%的青少年经历过在不知情或没有允许的情况下，其照片被挂在网络上［NCPC（2009b）］。

网络匿名的本质有可能是导致网络欺凌流行的主因。青少年完全可以通过避免使用通信技术来应对网络欺凌。但他们却很少向父母（他们怕失去上网的权利）或学校（他们怕不能在课堂上使用手机或网络）报告这种事情［（Agatston 等人（2007），Williams 和 Guerra（2007）］。

通过从不同的资源对网络欺凌和网络捕食者所进行的分析，我们被它们相同的交际策略（特别是身份掩饰和欺骗）震惊。我们也被执法部门和青年宣传组采取的相似反应方式（仅仅是报告和预防）所打击。受害者在身体和精神上都深受虐待，网络捕食者和欺凌弱小者使用现代技术在恶性的交际圈中引诱青少年。受害者唯一能做的就是在事件发生之后向当局报告。可在事件被报告时，侵略者很可能已经将目标转移到了一个新的受害者身上。

网络欺凌和网络捕食者经常发生在一个扩展的时间段并且跨越多个技术平台（比如：聊天室、社交关系网络、手机等）。将多个在线身份（包括犯罪分子出现过的论坛）连接起来的技术将有助于执法部门和国家安全机构确定犯罪分子。对青少年的恐吓威胁是研究人员、执法人员和青年宣传组在研究犯罪的过程中应该特别注意的一个环节，因为这个环节会随着在线社区会员数目的增多，以及新的社交网络技术的出现［Boyd 和 Ellison（2007）］而变得越来越猖獗［Backstorm 等人（2006），Kumar 等人（2004），Leskovec 等人（2008）］。现在大多数的交流都是通过虚拟社区中的网络在线聊天这一媒介发生的，这些虚拟社区中充斥着成千上万的匿名会员，他们应用不同的聊天技术通过每天的接触来保持虚拟的关系［Ellison 等人（2007），O' Murchu 等人（2004）］。例如，MSN 声称其有两千七百万的用户，而 AOL 即时通则声称其占有即时通信市场最大的份额（2006 年的 52%）［IM-Market Share（2009）］，而 Facebook，这个最新的社交网站，则声称其在全球有九千万的用户［Nash（2008）］。这些媒介连同 MySpace、WindowsLive、Google 和 Yahoo，全都含有在线交流技术，这些技术可以被任何注册了用户名并登录它的人所利用，而这些却并不需要年龄证明、身份证明或者是目的说明。最近更新的 Facebook 已经允许用户通过手机发送或接收信息［FacebookMobile（2009）］。

我们会在 8.2 节讲述网络欺凌和网络捕食领域研究的现状。在 8.3 节中我们将介绍一些可以为聊天室或社交网络提供监管功能的商业产品。最后，在 8.4 节中，我们将提供我们的结论，以及对这个有趣领域的未来研究方向所做的讨论。

8.2 网络欺凌和网络捕食研究的现状

本节会对网络欺凌和网络捕食研究做出总结。我们首先回顾一些可以获取即时通信和在线聊天的技术。接下来我们将讨论可用于该领域现有研究的数据集。最后我们来研究关于网络捕食和网络欺凌的文章，并且对文章中所涉及的法律问题做出总结。

8.2.1　获取即时通信和在线聊天

数据收集是任何文本挖掘研究工作的第一步。关于网络犯罪的数据收集需求主要集中在获取聊天室和社交网络的数据。这其中需要克服的既有法律问题也有技术问题。在本节，我们将会对一些研究小组的工作进行讨论，这些研究小组已经成功地捕获了在线聊天。

Dewes 等人（2003）提出的多层次的捕获来源不同的网络聊天的方法正在使用，这些方法来源于包括 IRC 和基于网页（包括 HTTP 和 Java）在内的聊天系统。这种方法开始于构造一个大的网络，这个网络可以捕获经由一个特定路由器的所有网络流。然后许多过滤器会从非聊天网络流中分离聊天的网络流。最初的实验结果显示，有91.7%的聊天信息可以被分离出来（召回率），而在这些分离出的信息中有93.7%的信息正是我们所需要的（准确率）。

其他的研究小组则采取了一个更直接的方法。Gianvecchio 等人签署进入雅虎聊天室并且记录了为期两个星期的所有记录以用来捕获他们机器探测研究所需的数据［Gianvecchio 等人（2008）］。其他人建立了主服务器并且直接监督服务层［Cooke 等人（2005）］的所有活动。还有一些其他的低成本的捕获相关网络包的商业产品［ICQ-Sniffer（2009）］。

8.2.2　当前用于分析的收集

当前并没有许多关于捕食者通信的可靠的标记数据，现在大部分出现在计算机科学和传播学社区中的工作都集中在 PJ［Perverted-Justice. com（2008）］的轶事证据和日志记录上。PJ 开始通过基层的努力来确认网络捕食者。它的志愿者们在聊天室内伪装成未成年人，并在他们遇到想与未成年人发生性行为的成年人时做出相应的反应。当犯罪嫌疑人的行为构成犯罪或定罪时，这些聊天日志就会被公布到网上。新的聊天记录被陆续添加到网络上。在 2009 年的 7 月份，一共有325 份日志代表着逮捕和定罪。应用这些数据的早期研究项目将会在 8.2.4 节中详细介绍。

人们对用于研究网络捕食者用的 PJ 记录能否被应用还是有争议的，因为这些记录中包括捕食者与伪受害者的记录，这些受害者是成年人假装成的未成年人。然而，参与到这些对话中的网络捕食者最终被定罪则是基于或至少一部分基于这些日志记录，这提供了一个测量数据的可信度。我们已经与工作在相关领域，比如计算机科学、媒体传播学、刑事审判和社会学的研究人员进行了交谈，但是还是无法识别数据的其他来源。我们将继续寻找包含捕食者和未成年人对话的记录，然而，这是异常困难的。执法机构并不会轻易公开这些记录，即便是作为学术研究用，因为这些资料并不是存储在一个中心数据库中，况且这些资料仅仅只是在案件被审讯的时候才会使用。

第二个数据集是由阿肯色大学的 Susan Gauch 博士创建的，他在一个以聊天室为主题的检测项目中收集了聊天记录。Gauch 博士的项目包括开发可以下载聊天记录的爬虫程序。不幸的是，该软件现在已经无法使用了。这个聊天数据，尽管有些过时，但是仍然可以应用在一些涉及对捕食者沟通方法分析的预备研究上。

我们已经确定了一个可以公开获取的附加数据库，它可以应用在网络犯罪沟通方式的研究上。2009 年的 CAW2.0（Content Analysis for the Web 2.0）研讨会（连同 WWW2009 一起主办）提出了三个独立的共享工作：文本标准化、观点和情感分析、品行不端行为检测。品行不端行为检测工作解决了检测不正确行为的问题，这些不正确行为包括在虚拟社区中扰乱和攻击社区中其他用户的行为。一个常见的训练数据集用来给所有的工作参与者使用。提供的数据集充当了在 Web 2.0 上可查找信息的代表样本。其数据是从五个不同的网址上收集的，这五个网址分别是：Twitter、MySpace、Slashdot、Ciao 和 Kongregate［CAW2.0（2009）］，这些数据只用于研究目的。一个使用这些数据来检测网络欺凌的研究项目会在 8.2.5 节进行探讨。

8.2.3　对即时通信和在线聊天的分析

计算机科学中很多有关社交网络的研究都聚焦在聊天室数据上［Jones 等人（2008），Muller 等人（2003）］。这其中的许多工作都集中在识别一个聊天社区的讨论线程组［Acar 等人（2005），Camtepe 等人（2004）］。另一些研究的重点则是尝试解决对聊天室的记录数据进行语法分析时所遇到的学术难题［Tuulos 和 Tirri（2004），van Dyke 等人（1999）］。令人奇怪的是，只有很少的研究致力于为分析和解决网络捕食和网络欺凌问题而开发专业的应用，其中我们已经知道的少部分研究将在下面一节中详细介绍。

8.2.4　网络捕食检测

我们已经确定采用两种不同方法来检测网络捕食者通信的文章。第一种方法是应用词袋方法和一个标准的统计分类技术。第二种方法是利用了通信理论中的研究来为分类的输入开发更复杂的功能。

统计方法

Pendar（2007）利用 PJ 抄本从受害者交谈的内容中分离捕食者的交谈内容。在这项研究中，研究者下载了 PJ 抄本并且为它们建立了索引。在进行有关网络通信问题的预处理（例如处理网络语言）之后，研究者为每个聊天记录设置了属性。属性包括词的一元组、二元组和三元组。只出现在一篇记录中或者是出现在 95%以上的记录中的词项将会被从索引中移除。在进行过这项处理之后，大约有 10 000个一元组，43 000 个二元组和 13 000 个三元组被保留。研究者共使用了 701 个记录文档[⊖]，每个记录文档根据测试模型被分成受害者交谈记录和捕食者交谈记录，最后共产生了 1402 个输入实例，每个实例含有 10000 ~ 43000 个属性。额外的特征

⊖　近年来 Perverted-Justice.com 似乎改变了它们呈现聊天数据的方式。

提取和加权完成了索引的编制程序。

数据文档被分割成 1122 个实例训练集合和 280 个实例测试集合，并按类分层（比如测试集中包含 140 个捕食者实例和 140 个受害者实例）。然后分类尝试使用同时支持向量机（SVM）和距离加权邻接的分类器（k-NN）。研究者所报告的 F 值的取值范围是 $0.415 \sim 0.943$。k-NN 分类器更胜任这项工作，并且三元组显现出了相对于一元组和二元组更有效的结果。当使用 30 个最临近的邻居，以及提取 10 000 个三元组并用作属性时，取得了最好的结果（F 值 = 0.943）。

基于交际理论的方法

与 Pendar 使用的单纯的统计方法相比，Kontostathis 等人（2009）使用的是基于规则的方法。这项工程整合了交际理论和计算机科学理论，并且开发出了在网络捕食者面前保护青少年的工具。

引诱交际的理论为针对青少年的性捕食者在现实生活中引诱受害人的交际流程提供了一个模型。这个模型包含三个主要阶段：

1. 获取接触受害者的入口；
2. 在一个虚拟的关系中欺骗受害者；
3. 与受害者建立并保持虐待关系。

在获取入口的阶段，捕食者把自己提升到一个专业和社会的地位，这样就可以使他或她以一个看起来更自然的方式与青少年接触，但又始终保持对青少年的控制地位。比如，在游乐园工作或者是社区青年运动队中的志愿者。下一个阶段，主要是在一个虚拟的关系中欺骗受害者，这是一个包括培养、孤立（Isolation）和接近（Approach）等环节的交际循环。培养环节包括一些微妙的交际策略，目的是使受害者对性术语不敏感，并通过遵循孩童般玩耍和实践的方式来重构（Reframe）性行为。在这一阶段，犯罪分子还会将受害者与其家庭及朋友的支持网络分离，然后再进入第三个阶段：接近受害者并进行性接触和长期的虐待。

在先前的研究工作中，我们对引诱交际理论进行了扩充和修改，以区分在线引诱和真实世界引诱之间的不同。比如，"获取接触"这个概念被修改为包含最初的进入网络环境，以及犯罪分子和受害者之间最初的问候交流，这种交流与在游乐园或者是青年运动队和一个青少年所进行的交流是不同的。降低交际时的敏感度（Communicative desensitization）被修改为包含俚语、缩略词、网络语言和网络交际中的情感符的应用。基础圈套的核心概念是不间断地欺骗受害者并建立与受害者之间的信任。在在线引诱交际中，这个概念被定义为犯罪分子和受害者之间分享个人信息，这些信息有可能是关于活动（Activities）、关系（Relationship）的细节和恭维的话（Compliment）。

研究交际理论的学者定义了内容分析的两个最主要的目标［Riffe 等人（1998）］：

1. 对交流进行描述；

2. 对其意义进行推断。

为了完成对网络捕食者的内容分析，我们分别建立了一个密码本和字典来区分引诱交际理论模型中的不同构造。编码过程出现在以下几个阶段中。首先，三个引诱交际阶段中的每个阶段所包含的引诱词项、词语、图标、短语和网络用语的字典都要被开发。第二，创建编码手册。这个手册中应含有将词项和短语分类到正确类别中的明确规则的指令说明。最后，开发模仿人工编码进程的软件（这个软件在下面是指 ChatCode）。

为了创建字典，25 个来自 PJ 网站的抄本被仔细地分析研究。这 25 个在线对话包含了从 349 行到 1500 行范围内的文本。犯罪分子的年纪分布从 23 岁到 58 岁，全部都是男性，并且都曾犯有通过网络对未成年人进行性诱惑的犯罪前科。

我们获取了网络性捕食者经常使用的关键词和短语，并将它们归类到引诱模型中的正确类别中：欺骗信任的发展、培养、孤立和接近［Leatherman（2009），Olson等人（2007）］。字典包括网络文化中常见的词项和短语，特别是引诱语言。一些例子出现在表8.1中。在这个实验中使用的字典包含 475 个特殊短语。短语的分类按类别计数出现在表 8.2 中。

为了给检测网络捕食者的密码本的有效性提供一个最低标准，我们做了两个小的分类实验。在第一个实验中，我们分别按两种方式来编码 16 个抄本：首先，我们编码捕食者的对话（所以只有捕食者用过的短语才能被记录下来），然后，我们编码受害者的对话。因此，我们有了 32 个实例，并且每个实例都含有每个编码分类（八个属性）中的短语。我们的类属性是二元的（包括捕食者或受害者）。

表 8.1 节选网络捕食者的样本

短 语	编码类别
are you safe to meet	Approach
i just want to meet	Approach
i just want to meet and mess around	Approach
i just want to gobble you up	Communicative desensitization
you are a really cute girl	Compliment
you are a sweet girl	Compliment
are you alone	Isolation
do you have many friends	Isolation
let's have fun together	Reframing
let's play a make believe game	Reframing
there is nothing wrong with doing that	Reframing

表8.2 字典总结-分类的短语数

类　　别	短语数量
Activities	11
Approach	56
Communicative desensitization	220
Compliment	35
Isolation	43
Personal information	29
Reframing	57
Relationship	24

我们使用数据挖掘工具中 Weka 套件的 J48 分类器 ［Witten 和 Frank （2005）］来创建决策树以判断编码的对话是属于捕食者还是受害者。J48 分类器通过错误率降低剪枝方法 ［Quinlan （1993）］ 创建了一个 C4.5 决策树。这个实验与 ［Pendar （2007）］ 的实验相似，但是 Pendar 使用的是词袋算法和基于距离的学习方法。分类器在 60% 的情况下正确地进行了预测，只比 50% 的最低标准有了一个小小的提升。但是，考虑到我们是对正在交流的人的谈话进行编码，因此这时他们所用的术语都是相似的，所以这个进步是显著的。像在 Weka 中实施的那样，我们使用分层的三重交叉验证来评估结果。

在第二个实验中，我们建立了一个 C4.5 决策树来区分 PJ 抄本和 ChatTrack 抄本。ChatTrack 数据集在 8.2.2 节中已经描述过了。我们将 15 篇 PJ 抄本（既有捕食者的也有受害者的）和 ChatTrack 数据集 ［Bengel 等人 （2004）］ 中的 14 篇抄本编码。建立的分类器可以区分出 93% 的 PJ 抄本。我们同样是用分层的三重交叉验证来评估结果。

在分析 PJ 抄本的过程中，我们发现了一种犯罪嫌疑人在对话中反复使用的循环模式，然后我们想利用他们的语言句型惯用法将不同类型的捕食者聚类。

我们选用 k-均值聚类算法 ［Hartigan 和 Wong （1979）］，因为这个算法既简单又有效。k-均值算法将一组对象划分为 k 个子类。这个算法假设对象的属性组成了一个向量空间，并且通过最小化集群内部的不一致来找出数据自然集群的中心。因此，k-均值算法一般形成的都是紧紧围绕在质心的集群，然后算法会输出这个集群。k-均值算法特别适用于数值属性，而我们所有的属性又恰恰都是数值属性。

在我们的实验中，我们将 2008 年 8 月的 PJ 网站上的 288 个抄本（只有捕食者）的八个编码类别的短语进行了统计，并为每个实例建立了一个八维的向量。因此，我们使用了与分类实验中相同的属性，不同于分类实验的是，我们可以使用所有的 PJ 抄本。向量的列的归一化是由每个值除以该列中的最大值得到的（例如，所有 activities 值都是通过除以 activities 的最大值而得到的）。然后将这些向量输入

到 k-均值算法中，这样就产生了一组集群。

　　用户必须为 k – 均值算法提供一个 k 值，但是我们并不确定能够找到的犯罪嫌疑人类别的数量，所以我们尝试了不同的 k 值。我们发现当 $k = 4$ 时可以得到最好的结果（集群内部的不一致性最小），所以假设这里只有四类不同的网络捕食者。图 8.1 中显示了每个集群的质心。这组数据清楚地显示了犯罪嫌疑人花费了大量的时间来与受害者交谈（图中的这条线比其他线高），并且不同的犯罪嫌疑人在交谈中使用了不同的策略（由线条的形状决定）。例如，相比于集群3，在 Compliment 和 Communicative Desensitization 这两项上，集群 2 拥有更高的比率。

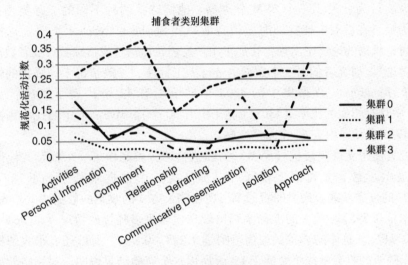

图 8.1　捕食者类型的初始聚类

8.2.5　网络欺凌检测

　　在 2006 年，计算机系统的人为因素会议（CHI）启动了一个研究人机交互技术的误用和滥用的项目，在 2008 年，Rawn 和 Brodbeck 证明第一人称射击游戏的玩家更加有言语攻击倾向，但是，并没有足够的证据来证明游戏和攻击性之间具有相关性［Rwan 和 Brodbeck（2008）］。

　　最近，Web 2.0 的内容分析（CAW 2.0）研讨会开幕且与 WWW2009 共同举办。正如上面所提到的，CAW 2.0 的组织者设计了一个共享课题来应对网络骚扰，并且为这个领域的研究人员建立了一个数据集。这也是品行不端检测课题唯一接受的数据集。下面我们对这个文档做了一个简单的总结。

　　Yin 等人将骚扰定义为在网络社区中一个用户故意打扰另一个用户的交际行为。Yin 等人（2009）认为对骚扰进行检测是一个分类问题：帖子中含有骚扰的积极类和帖子中不含骚扰的消极类。

　　研究者结合了多种不同的方法通过设立属性来作为分类器的输入。他们应用标准的词权重技术，比如应用 TF-IDF（Term Frequency-Inverse Document Frequency）来提取索引词并为每个词项标注合适的权重。他们同样也开发了基于规则的系统来捕捉情感特征。比如，一个含有粗话和单词"you"的帖子（在线交流中以很多形式出现）就很有可能是直接辱骂了某人，因此便可以被认为这是一个欺凌的帖子。但是，一些网络社区中出现的看似友好的玩笑或是"废话"实则却是欺凌的帖子，只是转换了一个交际风格而已，所以研究者通过与临近的帖子进行比较来确认上下文特征。不寻常的帖子或是与其他用户相似的活动的帖子都很有可能是骚扰帖。

在提取了相关的特性之后，研究者为 CAW 2.0 研讨会提供的三个数据集中检测到的欺凌行为开发了一个 SVM 分类器。他们选择两种不同的交际类型：Kongregate 类型（在游戏中捕捉即时通信会话）和 Slashdot/MySpace 类型（这往往是在异步讨论风格的论坛中出现，在那里用户发表长篇信息或持续数日或者数周的长时间的讨论）。研究者们对三个数据集进行人工标注。一般情况下，骚扰的帖子非常少，在 Kongregate 数据集中的 4802 个帖子中有 42 个代表了欺凌行为，在 Slashdot 中具有相似的比率（4303 个帖子中有 60 个）。MySpace 中的比率稍微高一些，在 1946 个帖子中有 65 个是欺凌帖。

研究者使用支持向量机（SVM）为骚扰帖的分类制作了一个模型。他们的实验结果显示，上下文和情感特征可以提高为三个数据集基于局部加权方法（TFIDF）的分类基线。最大的召回率出现在聊天方式的收集的数据中（Kongregate 的召回率是 0.595）。最大的准确率则出现在包含更多骚扰的情况（MySpace 的准确率是 0.417）。总体的 F 值的取值范围是 0.298 ~ 0.442，所以还有很大的提升空间。一个随机的机会基线将会低于 1%，所以这个实验结果说明，对网络欺凌的探测是有可能的。

8.2.6 法律问题

一些公司很早就意识到了网络欺凌和骚扰等行为存在着对电子邮件的潜在滥用。Sipior 和 Ward（1999）的报告称关于在工作场所性骚扰特别是通过电子邮件的案件诉讼呈大幅度攀升的趋势。

网络捕食和网络欺凌是新型的犯罪，法律界正在努力地同技术社区合作以保护受害者，同时也保护普通网络用户的权利。早期的技术人员和执法部门的合作，就像 Axlerod 和 Jay（1999）在一个案例研究中描述的那样，最初是令人沮丧的。但是当计算机科学家发现在美国法律体系下什么是被允许的，而执法机构的行政人员也开始信任并使用技术方案来发挥他们最善长的优势后，在这种情况下，合作最终收到了成效。

Burmester 等人的文章（2005）描述了为执法人员提供与网络性骚扰有关的案例的信息，并且结合了硬件和软件的解决方案。文章为检测网络骚扰者（其与网络捕食者和网络欺凌有着非常多的相同的地方）的先进技术提供了一个轮廓，并且为发现执法人员的现实约束和保持数字证据的完整性提供了一个解决方案。

8.3　监控聊天的商业软件

许多商业产品都曾公开向家长提供旨在保护青少年远离网络捕食者和网络欺凌者的服务。在本节中我们就对一些流行的产品进行简要介绍。

像许多我们知道的由家长控制的产品一样，eBlaster 记录了被监控计算机中出现的所有信息并且将此信息转发至一个指定的接收者，但是它并不会对收集来的信息进行过滤和分析 [eBlaster (2008)]。Net Nanny 同样可以记录所有信息，并且为不同的用户提供不同程度的保护 [Net nany (2008)]。最新版本的 Net Nanny 声称可以在检测到捕食者或网路欺凌与被监控的计算机交互的时候向家长发出警报，但是这种警报只是基于简单的关键字匹配 [PC Mag (2008)]。

IamBigBrother 可以捕获计算机中的所有事物，包括聊天、即时通信、电子邮件和网站 [IamBigBrother (2009)]。该程序也可以记录所有 FaceBook 和 MySpace 的点击记录，捕获所有的密码类型。IamBigBrother 也可以在某些词语被应用的时候为屏幕拍照。这种特性允许家长自己确定他们关心的关键字（个人信息、粗话、关于性的词语等）。不幸的是，程序并不能够预先定义关键词，所以父母必须自己确定问题关键词 [TopTenReviews (2009)]。软件还可以捕捉类似 American Online（美国在线）、MSN 和 Outlook Express 这一类软件的网络活动，也可以记录像 Yahoo Mail、Hotmail 和 Gmail 这一类软件的输入和输出。IamBigBrother 还可以使用隐身模式，这样就不会被用户察觉到。用户或者青少年不能阻止 IamBigBrother 清理他们的内存和历史。

当 IamBigBrother 把主要精力集中在对点击的捕捉和监管时，Kidswatch Internet Security 似乎更关注封锁 [TigerDirect (2009)]。该程序允许家长控制青少年对不适合网站的访问，并且会在青少年尝试访问被封锁或者限制的网站的时候向家长发送邮件。家长可以在超过六十个类别中选择需要被限制的内容。根据 Kidswatch 网站的报道："我们动态的内容分类技术正在尝试基于内容来对成千上万的网站进行分类。"家长可以选择取消他们已选择的限制网站，也可以向软件开发商提交应该被限制的网站列表。Kidswatch 还支持 Yahoo、MSN、ICQ、AIM 和 Jabber 的聊天协议。

当检测到在线聊天中含有"有嫌疑的词或者短语"时，家长会接收到警报电子邮件。这种警报包括短语或全部的对话。它是一个基于含有 1630 个短语和词的可定制的列表。虽然这种监督和警报的特性与 Net Nanny、IamBigBrother 的特性相似，但 Kidswatch 却提供了一种更深层次的服务，它可以提供关于已知性犯罪分子和用户地理位置周围的犯罪分子的信息。

与其他的控制软件相似，Safe Eyes Parental Control 程序限制访问与 35 个已知网站内容相关的网站［InternetSafety（2009）］。该程序也可以避免青少年无意间发现不适合的网站。当限制的网站被访问的时候，家长会收到来自电子邮件、短信和电话的提醒。

CyberPatrol 提供了过滤和监管的特性，这种特性可以是公司预先调制的也可以是家长自己制定的［CyberPatrol（2009）］。这个软件有许多可以被区分的特性，比如为不同年龄段（儿童、年轻的青少年、成熟的青少年、成年人）制定不同的设置，或者封锁被网络欺凌者和捕食者使用的有异议的词或短语。家长可以获得每天或者每周的网络访问记录和访问时间记录，然而，这款软件没有警报功能。

Bsecure 提供的过滤（阻止用户的计算机访问具有攻击性的网站）和报告选项的功能与其他的软件相似［Bsecure（2009）］，但是这款软件同时也提供了允许家长控制音乐共享、文档共享和即时信息共享的应用控制。该软件似乎与 CyberPatrol 相似，因为它也不含有警报功能。

最新版本的 Windows Vista 和苹果公司的 OS X 10.5（Leopard）都包含了集成的家长控制功能。这种特性似乎与大部分的商业监督过滤产品和操作系统都相似，但是与许多商业产品不同的是，它不需要按年订阅。不幸的是，两种产品都不能够提供针对网络捕食和网络欺凌的专业性保护。

在没有安装 AOL 和不具有 AOL 用户名的情况下，查找有关 AOL 家长控制的信息非常困难。像 Windows Vista 和 OS X 10.5 一样，AOL 不需要在被监管的计算机中安装额外的软件。没有任何迹象表明 AOL 提供了对抗网络捕食者和网络欺凌的专业特性。

McAfee 和 Norton 主要因为杀毒软件和安全软件而知名。现在两者都提供了家长控制的功能。像操作系统产品那样，这种家长控制功能一般是封锁特定的网站和对上网活动进行监管。

8.4 结论与未来的方向

互联网将继续发展并且将会进一步被年轻观众接触。与同学、朋友和具有共同兴趣的人接触的机会也会因此而大大增加。电子邮件、在线聊天和社交网络允许我们接触身处同一个城市或者世界另一端的人。

不幸的是，伴随任何新技术而来的是对于新技术的扭曲使用。在互联网和聊天室出现不久，网络捕食者和网络欺凌现象也就随之出现了。网络欺凌和网络捕食者严重地伤害了未成年人，特别是在缺乏监管能力的情况下使用计算机的青少年。随着网络连接出现在手机、便携式的游戏设备和多人游戏控制台中，更多的接触和伤害青少年的途径被发现了。

我们对文献的回顾显示，研究网络捕食和网络欺凌的学者并不多。随着更多的研究人员参与这个领域，未来的研究应该着重于更加积极主动的最新技术，特别是手机与点对点装置中新型犯罪方式（比如，色情短信）的出现。在信息检索和文本挖掘领域，对研究人员来说，解决这些令人烦恼的问题仍然还有很大的发挥空间，他们可以开发出能够识别捕食行为的分类器，可以收集和标注新的数据集并分发到其他研究小组。与网络工程师、心理学家、社会学家、执法人员和通信专家的协作可以为理解、探测和阻止网络犯罪提供新的视野。

伴随着新技术的发展及其在年轻人中越来越受欢迎，网络犯罪也愈演愈烈。我们仅找到三篇使用文本挖掘技术来对网络捕食者和网络欺凌的分类进行研究的文章。这个有趣而又与社会息息相关的文本挖掘的分支领域也需要来自研究团体的关注。迄今为止的研究数据只为我们的探究提供了一个出发点——使这个探究不只是局限于关注网络犯罪的计算机平台，以及不仅仅只在互联网层面研究网络捕食和网络欺凌，不仅能支持文本，还要能包括音频和视频流。

参考文献

Acar E, Camtepe S, Krishnamoorthy M and Yener B 2005 Modeling and multiway analysis of chatroom tensors. *IEEE International Conference on Intelligence and Security Informatics*.

Agatston P, Kowalski R and Limber S 2007 Students perspectives on cyber bullying. *Journal of Adolescent Health* **41**(6), S59–S60.

Axlerod H and Jay DR 1999 Crime and punishment in cyberspace: Dealing with law enforcement and the courts. *SIGUCCS'99: Proceedings of the 27th Annual ACM SIGUCCS Conference on User Services*, pp. 11–14.

Backstrom L, Huttenlocher D, Kleinberg J and Lan. X 2006 Group formation in large social networks: Membership, growth, and evolution. *Proceedings of the 12th ACM SIGKDD International Conference on Knowledge Discovery and Data Mining, KDD'06*.

Bengel J, Gauch S, Mittur E and R Vijayaraghavan. 2004 ChatTrack: Chat room topic detection using classification. *Second Symposium on Intelligence and Security Informatics*.

Boyd D and Ellison N 2007 Social network sites: Definition, history, and scholarship. *Journal of Computer-Mediated Communication* **13**(1), 210–230.

Bsecure 2009 http://www.bsecure.com/Products/Family.aspx.

Burmester M, Henry P and Kermes LS 2005 Tracking cyberstalkers: A cryptographic approach. *ACM SIGCAS Computers and Society* **35**(3), 2.

Camtepe S, Krishnamoorthy M and Yener B 2004 A tool for Internet chatroom surveillance. *Second Symposium on Intelligence and Security Informatics*.

CAW2.0 2009 http://caw2.barcelonamedia.org/.

Consumer Search 2008 Parental control software review. http://www.consumersearch.com/parental-control-software/review.

Cooke E, Jahanian F and Mcpherson D 2005 The zombie roundup: Understanding, detecting, and disrupting botnets. *Workshop on Steps to Reducing Unwanted Traffic on the Internet (SRUTI)*, pp. 39–44.

CyberPatrol 2009 http://www.cyberpatrol.com/family.asp.

Dewes C, Wichmann A and Feldmann A 2003 An analysis of Internet chat systems. *IMC'03: Proceedings of the 3rd ACM SIGCOMM Conference on Internet Measurement*, pp. 51–64.

eBlaster 2008 http://www.eblaster.com/.

Ellison N, Steinfield C and Lampe C 2007 The benefits of Facebook 'friends': Social capital and college students' use of online social network sites. *Journal of Computer-Mediated Communication* **12**(4), 1143–1168.

FacebookMobile 2009 http://www.facebook.com/mobile/.

Gianvecchio S, Xie M, Wu Z and Wang H 2008 Measurement and classification of humans and bots in internet chat. *SS'08: Proceedings of the 17th Conference on Security Symposium*, pp. 155–169.

Hartigan J and Wong MA 1979 A k-means clustering algorithm. *Applied Statistics* **28**(1), 100–108.

IamBigBrother 2009. http://www.iambigbrother.com/.

ICQ-Sniffer 2009 icq-sniffer.qarchive.org/.

IM MarketShare 2009 http://www.bigblueball.com/forums/general-other-im-news/34413-im-market-share.html/.

Internet Crimes Against Children 2009. http://www.icactraining.org/.

InternetSafety 2009 http://www.internetsafety.com/safe-eyes-parental-control-software.php.

Jones Q, Moldovan M, Raban D and Butler B 2008 Empirical evidence of information overload constraining chat channel community interactions. *Proceedings of the ACM 2008 Conference on Computer Supported Cooperative Work*.

Kontostathis A, Edwards L and Leatherman A 2009 ChatCoder: Toward the tracking and categorization of Internet predators. *Proceedings of the Text Mining Workshop 2009 held in conjunction with the Ninth SIAM International Conference on Data Mining (SDM 2009)*.

Kumar R, Novak J, Raghavan P and Tomkins A 2004 Structure and evolution of blogspace. *Communications of the ACM* **47**(12), 35–39.

Leatherman A 2009 Luring language and virtual victims: Coding cyber-predators' online communicative behavior. Technical report, Ursinus College, Collegeville, PA.

Leskovec J, Lang KJ, Dasgupta A and Mahoney MW 2008 Statistical properties of community structure in large social and information networks *WWW'08: Proceedings of the 17th International Conference on World Wide Web*, pp. 695–704.

Muller M, Raven M, Kogan S, Millen D and Carey K 2003 Introducing chat into business organizations: Toward an instant messaging maturity model. *Proceedings of the 2003 International ACM SIGGROUP Conference on Supporting Group Work*.

Nash KS 2008 A peek inside Facebook. http://www.pcworld.com/businesscenter/article/150489/a peek inside facebook.html.

National Center for Missing and Exploited Children 2008 http://www.missingkids.com/en US/documents/CyberTiplineFactSheet.pdf.

National Crime Prevention Council 2009a. http://www.ncpc.org/topics/by-audience/cyberbullying/cyberbullying-faq-for-teens.

National Crime Prevention Council 2009b. http://www.ojp.usdoj.gov/cds/internet safety/NCPC/Stop CyberbullyingBeforeItStarts.pdf.

Net Nanny 2008 http://www.netnanny.com/.

134

Olson L, Daggs J, Ellevold B and Rogers T 2007 Entrapping the innocent: Toward a theory of child sexual predators' luring communication. *Communication Theory* **17**(3), 231–251.

O'Murchu I, Breslin J and Decker S 2004 Online social and business networking communities. Technical report, Digital Enterprise Research Institute (DERI).

PC Mag 2008 Net Nanny 6.0 `http://www.pcmag.com/article2/0,2817,` `2335485,00.asp`.

Pendar N 2007 Toward spotting the pedophile: Telling victim from predator in text chats. *Proceedings of the First IEEE International Conference on Semantic Computing*, pp. 235–241.

Personal Communication 2008 Trooper Paul Iannace, Pennsylvania State Police, Cyber Crimes Division.

Perverted-Justice.com 2008 Perverted justice. `www.perverted-justice.com`.

Quinlan R 1993 *C4.5: Programs for Machine Learning*. Morgan Kaufmann.

Rawn RWA and Brodbeck DR 2008 Examining the relationship between game type, player disposition and aggression. *Future Play '08: Proceedings of the 2008 Conference on Future Play*, pp. 208–211.

Riffe D, Lacy S and Fico F 1998 *Analyzing Media Messages: Using Quantitative Content Analysis in Research*. Lawrence Erlbaum Associates.

Sipior JC and Ward BT 1999 The dark side of employee email. *Communications of the ACM* **42**(7), 88–95.

TigerDirect 2009 `http://www.tigerdirect.com/applications/Search-` `Tools/item-details.asp?EdpNo=3728335\&CatId=986`.

TopTenReviews 2009. `http://monitoring-software-review.toptenre-` `views.com/i-am-big-brother-review.html`.

Tuulos V and Tirri H 2004 Combining topic models and social networks for chat data mining. *Proceedings of the 2004 IEEE/WIC/ACM International Conference on Web Intelligence*, pp. 235–241.

Van Dyke N, Lieberman H and Maes P 1999 Butterfly: A conversation-finding agent for Internet relay chat. *Proceedings of the 4th International Conference on Intelligent User Interfaces*.

Williams K and Guerra N 2007 Prevalence and predictors of Internet bullying. *Journal of Adolescent Health* **41**(6), S14–S21.

Witten I and Frank E 2005 *Data Mining: Practical Machine Learning Tools and Techniques*. Morgan Kaufmann.

Yin D, Xue Z, Hong L, Davison BD, Kontostathis A and Edwards L 2009 Detection of harassment on Web 2.0. *Proceedings of the Content Analysis in the Web 2.0 (CAW2.0) Workshop at WWW2009*.

第9章 文本流中的事件和发展趋势

Dave Engerl，Paul Whitney 和 Nick Cramer

9.1 引言

文本流（随着时间生成或被观察到的文档或信息的集合）是普遍存在的。我们研究和发展的目标是开发出可以寻找和描绘文本流主题变化的算法。在数据方面，这项研究强调了检测和描述下述两方面的能力：（1）短期的非典型性事件；（2）在局部上下文中出现的长期变化。这项技术目前已经被应用在有序文档的收集上，它同样也应用于接近实时的文本数据流。

大量的文本流数据存在并且是可以利用的，特别是通过网络。分析这些文本数据的上下文、检测主题或情感中的变化，都是艰巨的任务。数学和统计的方法对分析师在数据挖掘领域中寻找变化非常有用。特别地，我们可以将数学和统计学方法中的一些技术应用在检测意外事件和新兴趋势的技术中，这些技术用来在数据流的上下文中监测文本或信息流。

在文本流中要检测的一部分事件类型（可能是一连串的新闻文章，或是一连串的消息，或是演讲报告）将在图 9.1 中展示。在每个例子中，x 轴代表时间、y

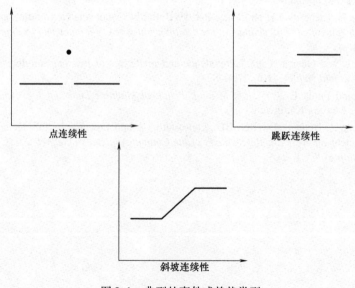

图 9.1 典型的事件或趋势类型

轴代表主题的一些测量量（比如，单词数量和随数据产生的事件）。在文本流的上下文中，主题中的点不连续性（point discontinuity）对应一个相对唯一内容的一个单一的时间步长；跳跃不连续性（jump discontinuity）对应文本流上下文中的一个突然的变化；斜坡不连续性（slope discontinuity）对应在该文本流中的一个主题的一个向上（或向下）的趋势。

一般来说，跳跃不连续性和点不连续性比斜坡不连续性更容易检测［Eubank 和 Whitney 等人（1989）］。在专业术语中，我们将瞬时不连续类型（点或跳跃不连续性）定义为突发事件［可在 Grabo（2004）的文章中查阅更多关于突发事件的信息］。我们将新兴趋势定义为在一个时间段内发生的变化，如跳跃不连续性和斜坡不连续性所示［可在 Kontostathis 等人（2003）的文章中查阅有关新兴趋势的简洁定义）。

文本流的信息挖掘中的大部分研究都集中在对新事件和突出特性的描述，以及聚类文档方面［He 等人（2007），Kumaran 和 Allan（2004），Mei 和 Zhai（2005）］。例如，话题检测和跟踪（Topic Detection and Tracking, TDT）这项研究计划［Allan（2002）］的目标就是将文本分解成独立的新闻故事，检测目前还没有被发现的事件故事，并把故事收集成组，每组描述一个单一的主题。这项计划通过由一个训练集确定的故事（主题）来进行跟踪。关于趋势分析的一个很好的研究资料被收录在 *Survey of Text Mining: Clustering, Classification, and Retrieval*［Kontostathis 等人（2003）］和文章 "*Detecting emerging trends form scientific corpora*"［Le 等人（2005）］中。这两个资料都关注跟踪预先定义好的主题，并尝试检测变化。

我们所提出的方法的不同之处在于，我们检测和评估独立词项（文档之间的最小公分母）随时间变化而出现的情况。一旦独立词项被检测为突发的或者是新兴的，相关词项就将被用来帮助分析师找出包含突发（新兴）词项的故事或主题。作为一个预处理步骤，这里需要一个文本分析工具来从文本流中提取词汇，从而给出文档中的词项信息。有了这些信息后，数学算法将会为每个词项计算分数。利用这些分数（统计度量，我们称之为突发的或新兴的统计），在由文本流所代表的周期内我们会评估每个词项。当足够多的突发（新兴）词项出现时，相关词项（时间剖面图）将会被找出并且会对解释更广泛的事件性质十分有用。

检测到的事件和解释性的词项可以用很多种方式来表示。从我们的经验来看，图形的表示方式对分析来说被认为是最令人满意的方式。

对数据（文本流）的描述和对相关特性的提取与还原将会在下面的两节中进行描述。有关检测（突发）事件和（新兴）趋势的方法将会在 9.4 节和 9.5 节中进行讨论。在 9.6 节中，我们讨论了暂时相关的词项并且给出了诠释我们这项技术性能的例子。最后两节中，我们讨论了我们所提出的算法中的不同，并且将我们的算法与其他主题测量方法进行对比，最后对技术的发展做了总结。

9.2　文本流

许多文本分析工具都是对一个固定的文本文档集合进行操作的。对现在的任务来说，一个固定的文本集合是合适的。然而，信息分析专家总是试图及时地发现并在一段时间内跟踪突发事件和新兴趋势。一个文本流对这项分析任务来说是不可少的［Hetzler等人（2005）］。文本流经常含有丰富的突发事件或者新兴趋势，同时也含有主题随时间演变的过程。这些事件的检测可以向信息分析师提供有价值的信息，以及与文本上下文有关的线索。

从我们的方法论来说，一个文档可以被简单地定义为文本的唯一集合。一个文本流就是含有相关时间戳的文档的集合。每个文档通常都含有用于描述发布时间和日期或者是在收集的时候被指派的时间和日期的元数据。时间戳则可以让我们定位时间流中的文档文本。

文本流产生自不同的数据来源。比如说期刊出版物、会议摘要、简易信息聚合（Really Simple Syndication，RSS）新闻源、博客帖子和电子邮件传输。为了处理不同来源的文本流，我们开发和应用了一些资源，这些资源包括：

- 会议中 PDF 的文本提取；
- Outlook 电子邮件的收集；
- RSS 新闻的收集；
- 博客帖子的收集；

信息分析师可能只想跟进一个时间窗口内的信息，而文本流在此期间可能会随时间而发生变化，不仅有新内容加进集合，也有旧的内容从集合中移除。我们使用的资源支持文本集合的变化，这将有益于分析师将精力集中于最相关和最新的信息中。

9.3　特征提取和数据还原

一旦数据（文本流）被收集，后续操作就会被涉及，例如，对数据（文档）进行预处理以便评估数据内容的适用性，以及为后续处理做数据准备。我们使用IN-SPARE 进行预处理工作［IN-SPIRE（2009）］，IN-SPIRE 是一个文本分析和可视化工具，它可以分析文档集合中的无结构的文本，以及确定主题（高频和分布不均匀的词项），并且能够基于局部相似性对聚类文档进行可视化。IN-SPIRE 可以为事件和趋势检测的预处理过程提供以下功能：

1. 数据集评估。由信息分析师对文档集进行初步评估并查看数据集是否足够丰富。

2. 内容识别和索引创建。将文本延伸或者扩展到相关内容，这很大程度上会忽略其他分类域（比如作者和地名等）。

3. 局部特征提取。确认词汇（从统计学的角度来看，它是良好的鉴别器）。另外，与领域相关的词项或关键词被用来增强和丰富自动化的主题选择过程。这些主题词项和短语认证过程所起到的作用是降维，它将有助于把我们的注意力集中于分析上。

在模型中，每个词项的（文档频率）时间剖面图是个因变量。因此，代表文档集的词项的选择是一个关键任务。这项任务是由 IN-SPIRE 完成的。这项功能的一个重要特性是关键词的自动提取。它允许关键词是一个单一的词语或短语。本书的第 1 章对这项技术做了深入的描述。

9.4　事件监测

我们的研究主要集中在处理大量的文本流来识别刚刚发生的事件或者是已经发生的事件。我们认为这是分析师识别（突发的）事件所必须具备的分流能力，它将有助于我们深入研究文本流从而获得深度视角。然而，及时地找到这些事件却并不是一件容易的事情。

在过去的研究中，人们针对突发事件检测已经研究了不同的算法，其中的五个算法已经应用在我们的研究工具包中。对每个算法来说，计算单元可以是词项或关键字，它可以包含单一词汇或多个词汇。每个算法都需要一个对时间序列文档进行预处理的过程（详见 9.3 节）。

在统计学中，我们处理的是数字问题。因此，引用统计模型（算法）分析文本的第一步是将文本转化成数字。对我们的分析方法来说，一般是通过计算含有给定词项（关键词）的文档的数量来解决这个问题。每个文档的时间戳是确定的，这使得我们的分析暂时可以完成。文档出现的全局时间间隔被分成了相等间隔的时间段（根据被检查数据的时间长短，我们可能使用小时、天、甚至是周作为时间间隔）。每个时间段中所含有特定词项的文档数量成为我们分析中的主变量（称其为时间剖面图）。

我们利用某个算法对每幅时间剖面图进行了分析并且定义了一个突发统计，这个突发统计会在每个时间间隔内进行计算。图 9.2 刻画了时间剖面图，图中展示了七个剖面，每个剖面都代表了每个时间段中含有特定词项的文档数量。每个词项都能被单独归一化（通过每个词项出现的最大次数）并且被绘制出来（纵轴表示的是每个词项按比例缩小到 0 到 1）。单位时间间隔内每个独立词项出现的最大次数在每幅时间剖面图的右方表示（比如，*influenza* 在六个文档中出现）。

突发事件的文本挖掘方法［Whitney 等人（2009）］也会在图 9.2 中展示。在这种方法中，单位时间段内出现的数量（x_i）将会与之前的时间窗口（连续的时间段）出现的次数进行比较。这种比较在每个时间段内（即移动的时间窗口）都会重复。含有最大的突发分数的时间段会被认为是突发事件发生的位置。这些最大值由每幅词项剖面图中的圆圈确定。对于突发事件的位置，过往时间窗口开始于垂直线，结束于用圆圈表示的时间段（不包括这个时间片）。

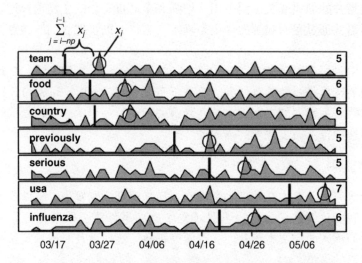

图9.2 事件监测算法的模型方案和时间剖面图（每幅词剖面图的
左边是词项标签，右边是每个剖面的最大出现次数）

接下来的任务是对单一时间片（i）中的文档数量（含有特定词项的文档数量）与当前时间片之前的时间窗口（np 个连续的时间段）的文档数量做对比。目标是找到两个测量值不一致（统计上）的时间段。这就像是统计学中的假设检验：我们分别定义零假设（H_0）和备择假设（H_1）如下：

$$H_0 : x_i = \frac{1}{np} \sum_{j=i-np}^{i-1} x_j,$$

$$H_1 : x_i \neq \frac{1}{np} \sum_{j=i-np}^{j-1} x_j 。$$

进行假设检验的目标是拒绝零假设，接受备择假设。考虑到这点，我们提出了我们的算法。第一个突发算法是基于卡方统计（Pearson 方法）由下面这个 2×2 矩阵构成［Agresti（2002）］：

$$\begin{pmatrix} x_i & N_i - x_i \\ \sum_{j=i-np}^{i-1} x_j & \sum_{j=i-np}^{i-1} N_j - \sum_{j=i-np}^{i-1} x_j \end{pmatrix} 。$$

其中，在这个矩阵中，x_i 表示第 i 个时间段内的数量（含有特定词项的文档的数量）；N_i 代表在第 i 个时间段内文档的总数；$\sum x_j$ 是在第 i 个时间段之前的时间段中含有词项的文档数量；$\sum N_j$ 表示的是在 t 时刻（在第 i 个时间段中的时间）之前的（np）个时间段内文档的总数。时间的数量（无论是时间间隔的宽度还是时间窗口的数量）是过程中的可选参数。在卡方统计中，足够大的数值是标记突发事件的一种方法。这个统计数字是为了寻找一个特定词项出现的次数与相同时间间隔内文档总数中出现的偏差。

卡方统计中运用的公式是

$$\chi^2 = \frac{n_{..}\left(\mid n_{11}n_{22} - n_{12}n_{21}\mid - \frac{1}{2}Yn_{..}\right)^2}{n_{1.}\,n_{2.}\,n_{.1}\,n_{.2}}\tag{9.1}$$

其中，前面的 2×2 频率矩阵被重写成

$$\begin{pmatrix} n_{11} & n_{12}\\ n_{21} & n_{22}\end{pmatrix},$$

并且

$$n_{1.} = n_{11} + n_{12},$$
$$n_{2.} = n_{21} + n_{22},$$
$$n_{.1} = n_{11} + n_{21},$$
$$n_{.2} = n_{12} + n_{22},$$
$$n_{..} = n_{11} + n_{12} + n_{21} + n_{22}。$$

同样地，式（9.1）中 Y 的取值可以是 0 或 1。如果 Y 取 1，耶茨（Yates）连续性校正适用于低采样大小的情况，每个计数单位至少小于等于 5［Fleiss（1981）］。

第二个计算突发统计的算法是卡方统计的另一种形式，被称为似然比。似然比（对于一个假设）是假设代表的子空间上的似然函数所取得的最大值与整个参数空间上似然函数所取得的最大值的比。这种统计使用与上面相同的 2×2 的矩阵，其计算过程如下：

$$\chi^2 = \frac{1}{2}\left(n_{11}\log\frac{n_{11}}{m_{11}} + n_{12}\log\frac{n_{12}}{m_{12}} + n_{21}\log\frac{n_{21}}{m_{21}} + n_{22}\log\frac{n_{22}}{m_{22}}\right)\tag{9.2}$$

其中，

$$m_{11} = (n_{11} + n_{12})(n_{11} + n_{21}),$$
$$m_{12} = (n_{11} + n_{12})(n_{12} + n_{22}),$$
$$m_{21} = (n_{11} + n_{21})(n_{21} + n_{22}),$$
$$m_{22} = (n_{12} + n_{22})(n_{21} + n_{22})。$$

计算突发统计的另一个算法是高斯算法。高斯算法基于测定值 x_i 与之前的平均值 $\frac{1}{np}\sum x_j$ 的比较，并使用之前的值对其进行归一化。我们将标准偏差的下限定为 1.0，这是因为我们处理的是统计计数数据。这个统计量是

$$G = \frac{x_i - \frac{1}{np}\sum\limits_{j=i-np}^{i-1} x_j}{s\left(1 + \frac{1}{np}\right)}\tag{9.3}$$

其中，np 是之前的时间窗口中的时间间隔数量；s 是标准偏差。

最后，将前面的两种方法（卡方统计和高斯统计）结合起来就形成了我们工具箱中统计突发事件的两种算法。每一个结合统计量都是由卡方统计量的平方根加上高斯统计量的绝对值完成的，如下：

$$C_{surprise} = \sqrt{\chi^2} + |G| \tag{9.4}$$

9.5 趋势检测

从检测突发事件的算法开始，我们为检测（新兴）趋势建立了模拟方案。模拟方案显示在图 9.3 中，其中，x 表示在一个时间段之内含有特定词项的文档的数量。i 表示当前的时间段（时间间隔或时间箱），np 表示之前时间窗口中时间段的数量，nc 表示当前时间窗口中时间段的数量［Engel 等人（2009）］。

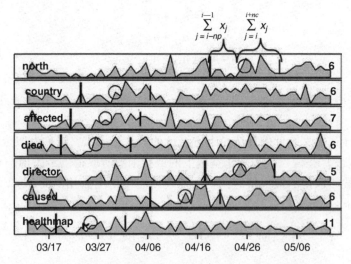

图 9.3 趋势检测算法的模型方案和时间剖面图

为了检测趋势，我们比较当前时间窗口（当前时间段 i 加上紧接的 nc 个时间段）中的文档数量（含有特定词项的文档数量）与当前时间段之前的时间窗口（np 个连续的时间段）中的文档数量。目标是找到两个测量值不同（统计学上）的时刻。同突发统计一样，我们应用假设检验来计算新兴统计，零值假设 H_0 与备择假设 H_1 如下：

$$H_0 : \frac{1}{nc} \sum_{j=i}^{i+nc} x_j = \frac{1}{np} \sum_{j=i-np}^{i-1} x_j,$$

$$H_1 : \frac{1}{nc} \sum_{j=1}^{i+nc} x_j > \frac{1}{np} \sum_{j=i-np}^{i-1} x_j 。$$

事件监测技术设计成用来监测文本或信息流中内容的变化。这样分析师就能够关注动态消息或者是探索大量的信息流。这项技术会应用于对文本流中所产生的变化的检测或描述。

对于新兴统计，它的两个卡方算法与突发统计的两个算法［式（9.1）和式（9.2）］是相同的，但是 2×2 的频率矩阵将被重写为

$$
\begin{pmatrix}
\sum\limits_{j=i}^{i+nc} x_j & \sum\limits_{j=i}^{i+nc} N_j - \sum\limits_{j=i}^{i+nc} x_j \\
\sum\limits_{j=i-np}^{i-1} x_j & \sum\limits_{j=i-np}^{i-1} N_j - \sum\limits_{j=i-np}^{i-1} x_j
\end{pmatrix}
$$

其中，第一行中的 $\sum x_j$ 代表的是在当前时间窗口中含有独立词项的所有文档的数量和；第一行中的 $\sum N_j$ 代表的是这个时期文档的总和；第二行中的 $\sum x_j$ 代表的是在当前时间段之前的时期（之前的窗口）中含有词项的文档数量的总和；第 2 行中的 $\sum N_j$ 代表的是当前时间段之前的时期文档的总和。每个时间间隔中的时间段的数量（之前的窗口和当前的窗口）是一个可选参数。（需要指出的是，这些窗口的大小可以不同。）

为了探测趋势，我们将高斯算法中对突发统计的实现修改为包含当前时间窗口中的多个时间段（当前时间段 i 的过去时间）。新的高斯算法的定义为

$$
G = \frac{\dfrac{1}{nc}\sum\limits_{j=i}^{i+nc} x_j - \dfrac{1}{np}\sum\limits_{j=i-np}^{i-1} x_j}{\sqrt{\dfrac{s_i}{nc} + \dfrac{s_j}{np}}}
$$

其中，s_i 是当前窗口中数量的标准偏差；s_j 是之前窗口中数量的标准偏差。

9.6　事件和趋势描述

为了展示（突发）事件和（新兴）趋势检测的能力，图 9.4 ~ 图 9.8 中显示了这两种这技术的分析说明。在这个分析说明中，数据（文本）的来源是国际传染病协会（International Society for Infectious Diseases）［ProMed-mail（2009）］。该网站是针对传染病和病毒暴发的全球电子报告系统，并且它是开源的。这个网站的贡献者往往是医疗专业的人员。在图 9.4 中，这个数据集（ProMed-mail）中的文档是以天作为时间间隔来累计的，而且它还显示了每个时间间隔内的文档数量。

图 9.5 ~ 图 9.8 显示了与突发事件和新兴趋势有关的分析结果。其中，图 9.5 和图 9.6 显示了卡方算法（Pearson）的分析结果。前 20 个突发词项的时间剖面图显示在图 9.5 中，前 20 个新兴词项的时间剖面图显示在图 9.6 中。从这两幅图中可以看出，在这个数据集中主题表现得很明显［H1N1，2009 年爆发的猪流感（swine flu）疫情］。在 4 月 24 日，突发事件分析（见图 9.5）开始提取首次出现的关于猪流感疫情暴发的词项（*serious*，*vaccination*，*epidemic*）。然而，图 9.6 中关于新兴趋势的分析结果清楚地解释了在什么时间发生了什么情况。利用高斯算法来

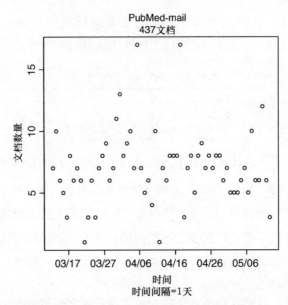

图 9.4　ProMed-mail 数据集中时间分辨率为一天的合并的文档频率

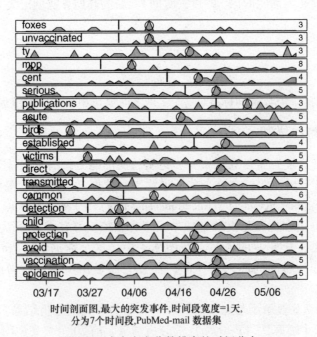

时间剖面图,最大的突发事件,时间段宽度=1天,
分为7个时间段,PubMed-mail 数据集

图 9.5　卡方突发分数排序的时间分布

分析 ProMed-mail 数据集的结果显示在图 9.7 和图 9.8 中。高斯突发分析算法的结果显示,关于猪流感疫情暴发的词项并未被选择为具有突发意义的词项。然而,新兴分析的结果的确展示出它所选择的一些与猪流感相关的词项(见图 9.8)。

与分析词项之间的相似度相比,仅仅分析一个词项(包含多词项关键词)就

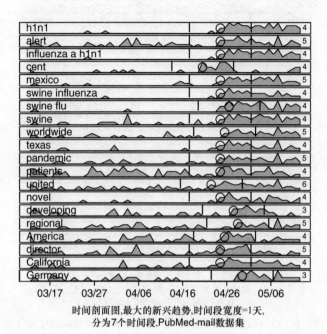

时间剖面图,最大的新兴趋势,时间段宽度=1天,
分为7个时间段,PubMed-mail数据集

图 9.6　卡方 (Pearson) 新兴分数排序的时间分布 (ProMed-mail)

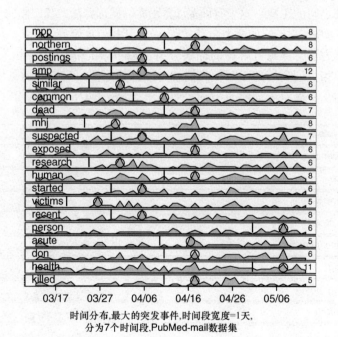

时间分布,最大的突发事件,时间段宽度=1天,
分为7个时间段,PubMed-mail数据集

图 9.7　由高斯突发分数排序的 ProMed-mail 数据集的时间分布

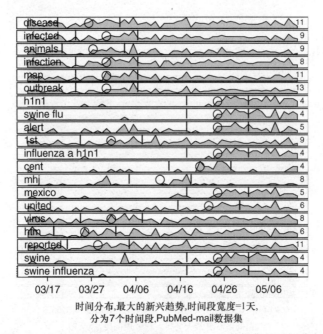

时间分布,最大的新兴趋势,时间段宽度=1天,
分为7个时间段,PubMed-mail数据集

图9.8　由高斯新兴分数排序的 ProMed-mail 数据集的时间分布

可以为分析者提供更多的信息。我们计算相似度的方法是基于每个词项出现的时间
所组成的向量之间的距离,这里有许多计算距离的候选算法。我们倾向于使用基于向
量相关函数的方法,对给定的两个向量 (x, y),其相似度就等于 $1 - |corr(x, y)|$。
这种距离计算方法会导致可解释的词项分组［Kaufman 和 Rousseeuw（1990）］。使
用这种结合了相关词项的剖面图,我们就可以得到更多关于事件的具体信息。为了
进行说明,图9.9 显示了词项 *mexico*（来自于对 ProMed-mail 数据集的分析）的相

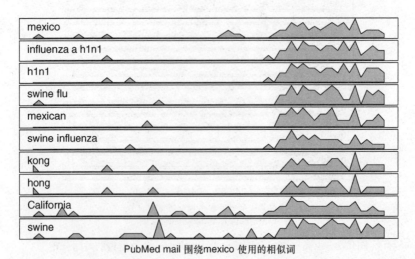

PubMed mail 围绕mexico 使用的相似词

图9.9　词项 *mexico* 的时间分布以及它的前九个相关词项（ProMed-mail）

关词项，显然，*mexico* 的主题是 2009 年暴发的猪流感疫情。

9.7　相关讨论

　　在以上几节中，突发事件和新兴趋势算法被用来分析 ProMed-mail 数据集。从图 9.4 来看，单天（从 3 月 13 日到 5 月 13 日）的最大文档（报告）数量是 17。在图 9.6 中，我们发现含有词项 *h1n1* 的文档的最大数量是 4（时间剖面图中右边的数字）。因为词项出现的次数与文档数量很少，所以相对于新兴算法来说，突发算法并没有提供一个令人满意的结果。

　　图 9.10 显示了关于突发统计和新兴统计之间的比较。在这幅图中同样显示了关于 IN-SPIRE 时事性分数和突发，以及新兴统计之间的比较。IN-SPIRE 的时事性分数是对一个文档集合中区别词项的度量。这个比较是通过 ProMed-mail 数据集并利用卡方算法（Pearson）得到的。从这个比较中可以看出这两个指标是不相关的，至少对于这个语料库是不相关的，因为在任意剖面图中都看不到相关性（或者是突发-新兴之间非常低的相关性），这表明，这三个统计量提供了数据集的不同信息。

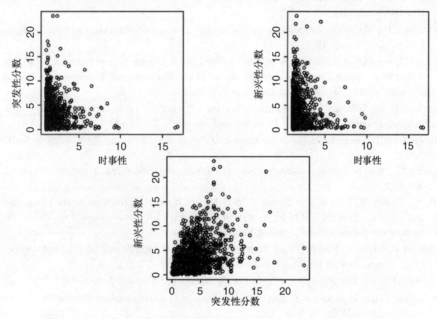

图 9.10　时事性算法，事件检测（突发性分数）算法，以及趋势检测
（新兴性分数）算法之间的比较（ProMed-mail 数据集）

9.8　总结

　　在文本挖掘领域，数学和统计的方法的运用对分析现有文本数据流中的大量数

据来说是非常有帮助的。分析数据内容和检测其中的变化是一项十分艰巨的任务。因此，我们将一些文本挖掘技术应用到了对突发事件和新兴趋势的检测中，突发事件和新兴趋势的检测正是为了监测文本流中内容的变化。

在本章中，介绍了我们的算法在文本流内容（事件和趋势）监测领域中的发展历程。我们将其应用在静态文档集上，并与一般的文本分析算法的结果进行了对比，发现两者产生的结果并不相同，而且我们的算法在结果上有所加强。

我们分别应用突发和新兴算法对同一个数据集进行了分析。结果表明，新兴算法在发现新兴相关主题（H1N1，猪流感疫情的暴发）方面，尤其是在事件刚开始发生时表现得非常出色（2009 年 4 月 24 日）。

为了有助于理解每个词项所定义的重要主题（关键词），需要发现更多的相关词项。在分析猪流感的案例中，词项 mexico 被定义为一个具有新兴意义的词项。相关词项分析表明，这个词项与猪流感（H1N1）的暴发（2009）是暂时相关的。

参考文献

Agresti A 2002 *Categorical Data Analysis* 2nd edn. John Wiley & Sons, Inc.

Allan J 2002 *Topic Detection and Tracking: Event-based Information Organization*. Kluwer Academic.

Dunning T 1993 Accurate methods for the statistics of surprise and coincidence. *Computational Linguistics* **19**(1), 61–74.

Engel D, Whitney P, Calapristi A and Brockman F 2009 Mining for emerging technologies within text streams and documents. *Ninth SIAM International Conference on Data Mining*. Society for Industrial and Applied Mathematics.

Eubank R and Whitney P 1989 Convergence rates for estimation in certain partially linear models. *Journal of Statistical Planning and Inference* **23**, 33–43.

Fleiss J 1981 *Statistical Methods for Rates and Proportions* 2nd edn. John Wiley & Sons, Inc.

Grabo C 2004 *Anticipating Surprise: Analysis for Strategic Warning*. University Press of America.

He Q, Chang K, Lim E and Zhang J 2007 Bursty feature representation for clustering text streams. *Seventh SIAM International Conference on Data Mining*, pp. 491–496. Society for Industrial and Applied Mathematics.

Hetzler E, Crow V, Payne D and Turner A 2005 Turning the bucket of text into a pipe. *IEEE Symposium on Information Visualization*, pp. 89–94.

IN-SPIRE 2009 http://in-spire.pnl.gov *Pacific Northwest National Laboratory*.

Kaufman L and Rousseeuw P 1990 *Finding Groups in Data: An Introduction to Cluster Analysis*. John Wiley & Sons, Inc.

Kontostathis A, Galitsky L, Pottenger W, Roy S and Phelps D 2003 A survey of emerging trend detection in textual data mining. in: *Survey of Text Mining: Clustering, Classification, and Retrieval*. Springer.

Kumaran G and Allan J 2004 Text classification and named entities for new event detection. *ACM SIGIR Conference* pp. 297–304.

Le M, Ho T and Nakamori Y 2005 Detecting emerging trends from scientific corpora. *ACM SIGIR Conference* pp. 45–50.

Mei Q and Zhai C 2005 Discovering evolutionary theme patterns from text: An exploration of temporal text mining. *KDD, 11th ACM SIGKDD International Conference on Knowledge Discovery and Data Mining*, pp. 198–207.

ProMED-mail 2009 http://www.promedmail.org.

Whitney P, Engel D and Cramer N 2009 Mining for surprise events within text streams. *Ninth SIAM International Conference on Data Mining*, pp. 617–627. Society for Industrial and Applied Mathematics.

149

第10章　在 LDA 主题模型中嵌入语义

Loulwah AISumait，Pu Wang，Carlotta Domeniconi 和 Daniel Barbará

10.1　简介

由于数据库技术的巨大进步，因特网、企业内部网络和数字图书馆的激增产生了大量的文本数据库。据估计，全球大约有85%的数据是非结构化格式，每天大约增加七百万的数字网页［White（2005）］。这样庞大的文档含有大量有用的、隐含的且并非无效的领域知识。文本挖掘是数据挖掘这一整体的一个部分，而数据挖掘的目标在于从无结构的文本数据中自动提取知识。除了经典自然语言处理的工作（如机器翻译和机器问答）之外，文本挖掘的主要任务还包括文本分类、文本摘要、文档或词的聚类。在离散或连续的时态数据流下，文本数据学习任务将更加复杂。

主题建模是一个新兴的分析大规模无标签文本的方法［Steyvers 和 Griffiths（2005）］。它使用统计样本技术来描述如何基于（一小组）隐藏主题生成文档中的词汇。在这一章中，我们将要在潜在狄利克雷分配（Latent Dirichlet Alglocation，LDA）框架下，分析批处理与网络模式下的大文本数据局部结构中的先验知识语义的作用，以及基于领域语义的嵌入先验知识［Blei 等人（2003）］。目标是优化数据主题结构的描述性或预言性的模型。

先验知识可以是从先验知识源中提取的外部语义，其中先验知识源可以是知识本体和大型通用数据库，也可以是数据驱动语义，即从数据本身提取出的领域知识。本章将研究两个主要方向上的语义嵌入的作用，第一个方向是嵌入从外部的先验知识源获取的语义来加强模型参数的生成过程。第二个方向适用于在线知识的发现，它嵌入的是数据驱动语义。我们的想法是基于主题模型中的传播信息来构建当前的 LDA 模型，这些主题模型是通过领域文档集的学习和训练而获取的。

10.2　背景

假定数据库是无结构的文本数据库，文本挖掘算法将会面临许多挑战。首先，大量的潜在特性可以标识一个文档。这些特性可以由语言中的所有词汇和短语推导出来。此外，为了整合文档的数据结构，我们必须运用一个包含所有词汇的字典来代表一个文档，这便造成了稀疏描述。另一个关键性挑战则是来自复杂的概念关系和文本中词汇的含糊性对上下文的制约。因此，一个好的文本挖掘算法必须能够有效地处理大量的且富有挑战性的数据，以便使文档可以以一种简洁的、只含有基本的和最具区分性的信息的方式来表示。本章剩余的部分将集中介绍解决此问题的三个重大进步，并在 10.3 节中对 LDA 模型进行详细地描述。

10.2.1 向量空间模型

文本挖掘中的第一个重大的进步是向量空间模型［Salton（1983）］，在这个模型中，文档是由一个 W 维的向量来表示的，$w_d = (w_{1d}, \cdots, w_{Wd})$，其中每个维都与词典中的一个词项相关联。每个输入 w_{id} 都代表文档 d 中词项 i 的词频-逆向文档频率（term frequency-inverse document frequency，tf-idf）$w_{id} = n_{id} \times \log (D/n_i)$。词项（$n_{id}$）的局部频率由其在语料库中的全局频率加权，以此来减少常见词项的重要度，这些词项在很多的文档中出现但是辨识度很差。为了表示整个语料库，我们建立了词项-文档矩阵 X。X 是一个 $W \times D$ 的矩阵，其中行代表字典中的词项，列代表文档。

虽然 VSM 已经在实践中显示了其有效性而被广泛地应用，但是它在捕捉文档之间或者文档内部的序列统计结构方面还是存在先天的弱点，而且它在语料库的表述上也仅仅提供了一个约简集。

10.2.2 潜在语义分析

为了克服 VSM 的缺点，信息检索的研究者们引入了潜在语义分析（Latent Semantic Analysis，LSA）［Deerwester 等人（1990）］，这种方法通过因子分析将词项-文档矩阵降低成 K 维子空间，并且捕捉到了语料库中的大部分变化。通过计算奇异值分解（Singular Value Decomposition，SVD），词项-文档矩阵被分解成了 $X = U \sum V^{\mathrm{T}}$。矩阵 U 的行代表原来词汇的出现，相当于新的因子空间中的 K 概念，矩阵 V 的列给出了文档和每个 K 概念之间的关系。

虽然 LSA 克服了 VSM 的许多缺点，但是其自身仍然有很多局限。首先，考虑到文本数据的高维度，对其进行 SVD 计算的花费是很大的。另外，新的特征空间很难解释，因为它的每个维都是原始空间中一组词的线性组合。LSA 同样无法概括性地包含其他信息（比如时间和作者）。

10.2.3 概率潜在语义分析

研究者们已经提出了统计方法来理解 LSA，其中有学者论述了其与贝叶斯方法的关系［Story（1996）］，而且还生成了概率模型［Papadimitriou 等人（2000）］。Hofmann（1999）把贝叶斯方法应用于文档模型，这被视为一个重大进步，他提出了概率潜在语义分析（pLSA），也叫作切面模型（aspect model），作为替代 LSA 的候选模型。它是一个潜在的变化模型，它使隐含变量 z_k 与每个文档联系起来，并用词汇的分布 $p(w|z)$ 来代表每个切面。pLSA 的参数化取决于出现在文档中的词汇 w_{di} 与文档 d 的联合分布 $p(d, w_{di}) = p(d) \sum_{z=1}^{K} p(w_{di}|z)p(z|d)$。

图 10.1 用图模型展示了 pLSA。给定隐藏的切面，文档和词汇是条件独立的。此外，pLSA 允许文档与用 $p(z|d)$ 加权的混合主题相关联。

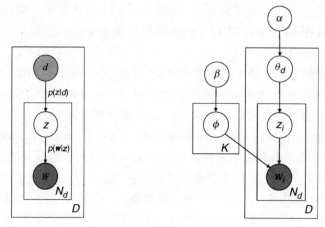

图 10.1　pLSA（左）和 LDA（右）的图模型

由模型的产生过程指定一个概率抽样，这种抽样方法可以描述文档是如何基于隐含主题来生成文档中的词汇的。因此，pLSA 的生成过程如下：

1. 绘制文档的概率 $p(d)$。

2. 对于文档 d 中的每个词汇 i：

（a）使用概率 $p(z_i|d)$ 绘制潜在切面 z_i；

（b）使用概率 $p(w_{di}|z_i)$ 绘制词汇 w_{di}。

尽管如此，由于训练集中的文档索引变量 d［Blei 等人（2003）］并不是一个真正的随机变量，所以这并不是一个真正的生成模型。因此，pLSA 有过度依赖训练集的倾向，这对它概括并推断切面模型来生成隐藏文档的能力很不利。

虽然有很多局限，但 pLSA 影响了统计机器学习和文本挖掘中的很多工作，这使得很多统计模型被命名为概率主题模型（Probabilistic Topic Models，PTMs），这些模型被用来揭示大型离散数据集合（比如，文本）的潜在结构。PTMs 是假定含有隐含变量文档的生成模型，代表了与负责用词模式的文本文档相关的主题。基于多层贝叶斯分析，主题模型旨在发现这些隐含变量。在提出的主题模型中，LDA［Blei 等人（2003）］是一个真实的生成模型，它可以归纳主题分布，这也使得它可以用来生成不可见文档。

10.3　潜在狄利克雷分配

LDA PTM 模型是一个三层贝叶斯网络，它代表着文档语料库的生成概率模型。其基本思想是文档使用混合主题来表达，其中每个主题都是一个潜在多项变量，它以一个固定词汇表的分布为特征。完整的 LDA 的生成过程借鉴了主题的文档分布，以及基于词汇的主题分布中狄利克雷先验的使用。这种新方法已经成功地应用于对各类文档有用结构的发现，这些类型包括电子邮件、科学文献［Griffiths 和 Steyvers（2004）］、数字图书馆［Mimno 和 McCallum（2007）］，以及新闻档案［Wei 和

Croft（2006）]。

本节简要描述 LDA 主题模型，包括它的图模型、生成过程（见 10.3.1 节），以及后验推理（见 10.3.2 节），并简要回顾了网络 LDA，即 OLDA。

10.3.1 图模型和生成过程

LDA 基于词袋模型，即某一文档中的词以及某一语料库中的文档的可交换能力，通过潜在主题把词和文档关联起来。LDA 的图模型可查看图 10.1。文档 θ 和词汇 w 并不直接关联，这个关联关系由额外的隐含变量 z 来管理，z 负责一个应用了文档中的词汇，即文档所关注的特定主题。通过分别引进文档和主题分布上的狄利克雷先验 α 和 β，LDA 生成的模型是完整的，并有能力处理未见文档。

所以，LDA 的模型结构允许文档中的已知词汇与文档中结构化分布的隐含变量模型［Blei 等人（2003）］之间的相互作用。对隐含变量模型结构的学习可以由推理隐含变量的后验概率分布来实现，例如，由已知文档得到集合的主题结构。这种交互作用可被视为 LDA 的生成过程。

1. 对每个主题 k，根据参数为 β 的狄利克雷先验绘制 K 阶多项式 ϕ_k；

2. 对每个文档 d，根据参数为 α 的狄利克雷先验绘制 D 阶多项式 θ_d；

3. 对语料库中的每个文档 d 和文档中的每个词项 ω_{di}：

（a）根据多项式 θ_d 绘制主题 $[p(z_i \mid \alpha)]$；

（b）根据多项式 ϕ_k 绘制词项 $[p(\omega_i \mid z_i, \beta)]$。

将生成过程反过来，使隐含变量适合已知数据（文档中的词汇），相当于推断出隐含变量，因此需要学习潜在主题分布。在 LDA 模型中，隐含的主题结构是通过给定文档 D 中的隐含变量的后验分布来描述的：

$$p(\Theta, z, \Phi \mid w, \alpha, \beta) = \frac{p(w, \Theta, z, \Phi \mid \alpha, \beta)}{\int_{\Phi_{1:K}} \int_{\theta_{1:D}} p(w \mid \alpha, \beta)} \tag{10.1}$$

10.3.2 后验推断

在 LDA 中，扫描数据和提取主题相当于计算后验期望。它们是词项的主题概率 $E(\Phi \mid w)$、主题的文档比率 $E(\Theta \mid w)$ 和词汇的主题分配 $E(z \mid w)$。虽然 LDA 模型相对简单，但是对式（10.1）中的后验分布进行精确推理还是很困难的［Blei 等人（2003）］。解决的办法是使用复杂的近似估计，比如变化的期望最大化［Blei 等人（2003）］和期望的传递［Minka 和 Lafferty（2002）］。

Griffiths 和 Steyvers（2004）提出了一个简单而有效的策略来对 ϕ 和 θ 进行估计。这是一种近似迭代技术，它是马尔可夫链蒙特卡罗（Markov Chain Monte Carlo, MC-MC）算法的一种特殊形式。通过在同一时间对任一维 x_i 迭代抽样，并以其他所有维的数值为条件，通常记作 $x_{\neg i}$，Gibbs 抽样可以计算高维概率分布 $p(x)$。

在 Gibbs 抽样中，ϕ 和 θ 没有被精确地评估。相反地，词汇被分配到主题的后验分布 $p(z \mid w)$，通过蒙特卡罗算法被粗略地估计了，参考 Heinrich（2005）对算

153

法的详细推导。Gibbs 抽样对文本集中的每个词标签都会进行随机反复迭代，并且对当前的词标签被分配到每个主题的概率进行估计，即 $p(z_i = j)$，条件是主题对其他词标签 $z_{\neg i}$ 进行如下分配 ［Griffiths 和 Steyvers（2004）］：

$$p(z_i = j \mid z_{\neg i}, w_i, \alpha, \beta) \propto \frac{C^{KW}_{w_{\neg i,j}} + \beta_{w_{di}j}}{\sum\limits_{v=1}^{W}(C^{KW}_{v,j} + \beta_{v,j})} \times \frac{C^{KD}_{d_{\neg i,j}} + \alpha_{d,j}}{\sum\limits_{k=1}^{K}(C^{KD}_{d,k} + \alpha_{d,k})} \qquad (10.2)$$

其中，$C^{KW}_{w_{\neg i,j}}$ 是词 ω 分配到主题 j 的次数，不包括当前词标签实例 i；$C^{KD}_{d_{\neg i,j}}$ 是主题 j 被分配到文档 d 的某个词标签的数量，不包括当前实例 i。从分布 $p(z_i \mid z_{\neg i}, w)$ 来看，主题以这个词标签分配的新主题来进行采样并存储。在进行足够多的采样迭代之后，通过检查分配到主题中的词的数量和主题在文档中出现的次数，后验估计可以用来估计 ϕ 和 θ。

给出对每个词的主题分配 z 的直接估计，获得它与所需参数 Θ 和 Φ 之间的关系是非常重要的。这是对基于马尔可夫链的新观测结果的抽样而得到的 ［Steyvers 和 Griffths（2005）］。因此，对词-主题和主题-文档中的 Θ' 和 Φ' 的估计可由下式得到：

$$\phi'_{ik} = \frac{C^{WK}_{i,k} + \beta_{i,k}}{\sum\limits_{v=1}^{w}(C^{WK}_{v,k} + \beta_{v,k})}, \quad \theta'_{dk} = \frac{C^{DK}_{d,k} + \alpha_{d,k}}{\sum\limits_{j=1}^{K}(C^{DK}_{d,j} + \alpha_{d,j})} \qquad (10.3)$$

Gibbs 抽样已经通过实践确定了稳定化阶段的长度、样本收集的方式，以及推断主题的稳定性 ［Griffiths 和 Steyvers（2004），Heinrich（2005），Steyvers 和 Griffiths（2005）］。

10.3.3 在线潜在狄利克雷分配（OLDA）

OLDA 是 LDA 模型的一个可以处理文本流的在线版本 ［AlSumait 等人（2008）］。OLDA 模型考虑的是时间序列信息，并假设文档在分散的时间片上到达。每个时间片 t 都有一个预定的大小 ε，比如一小时、一天或者一年，可变大小为 D^t 的文本流 $S^t = (d_1, \cdots, d_{D_t})$ 被接收并可被处理。文档 d 在时刻 t 被接收可用词标签向量表述，$w^t_d = \{w^t_{d1}, \cdots, w^t_{dN_d}\}$。然后，含有 K 个组件的 LDA 主题模型可为新的文档建模。在给定的时间内，当新的数据流可以被处理的时候，生成的模型可作为连续时间片中的 LDA 的一个先验（参照图 10.2 中的解释）。在语料库中观察到任何词之前，如果把词从一个主题中抽样的次数作为计数，则高阶参数 β 可以理解为在这个计数之上的先验观测统计 ［Steyvers 和 Griffiths（2005）］。所以，主题中词项的数量，来源于 LDA 在时刻 t 所接收到的文档，它可以被用作 $t+1$ 时刻接收的文本流的先验。

因此，在时刻 t，基于词的每个主题分布 $\Phi^{(t)}_k$ 可由狄利克雷分布绘制，这个分布是由 $t-1$ 时刻的推断主题结构管理，描述如下：

$$\Phi_k^{(t)} \mid \beta_k^{(t)} \sim Dirichlet(\beta_k^{(t)}),$$

$$\sim Dirichlet(\omega\ \widehat{\Phi}_k^{(t-1)})$$

$$(10.4)$$

其中，$\widehat{\Phi}_k^{(t-1)}$ 是在 $t-1$ 时刻基于主题 k 在词上的频率分布；ω（$0<\omega\leqslant1$）是进化调优参数，它用来控制模型的进化频率。由于狄利克雷高阶参数决定了先验的平滑度，所以根据领域主题结构的同质性和进化速率来控制其有效性，并在推理过程中平衡以前和现在的语义权重非常重要。10.5 节扩展了这个序列模型，它允许数据驱动的语义从更大范围内的已有模型中嵌入。

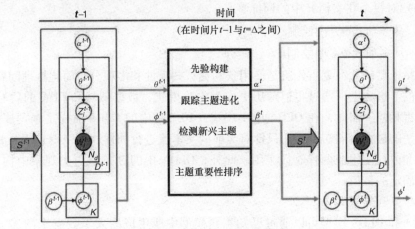

图 10.2　OLDA 的流程图

已知式（10.4）中 $\boldsymbol{\beta}^{(t)}$ 的定义，由于连续模型中的主题分布是均衡的，我们可以在一个连续的语料库中捕捉到主题的进化。比如，如果时刻 t 的一个主题分布相当于一个特定主题，假定时间是连续的情况下，那么连续模型中含有相同 ID 的分布将会与相同的主题关联起来。因此，在 t 时刻主题 k 的推断词的分布可以认为是对 $t-1$ 时刻的隐含变量 k 的一个趋势性的描述。这里所说的趋势性是由主题的自然进化所驱使的，这种自然进化包含了出现在术语学或与其他主题交互时的各类变化。为了对这个自然进化进行建模，我们构造进化矩阵 $\boldsymbol{B}_k^{(t)}$，它可以用来捕捉每个滑动的历史窗口 δ 中，在每个时间点 t 下每个主题 k 的进化。该矩阵的定义如下：

$$\boldsymbol{B}_k = \begin{pmatrix} \phi_1^{t-\delta} & \cdots & \phi_1^{(t-1)} & \phi_1^{(t)} \\ \phi_2^{t-\delta} & \cdots & \phi_2^{(t-1)} & \phi_2^{(t)} \\ \vdots & & \vdots & \vdots \\ \phi_{W^{(t)}}^{t-\delta} & \cdots & \phi_{W^{(t)}}^{(t-1)} & \phi_{W^{(t)}}^{(t)} \end{pmatrix}$$

$$(10.5)$$

其中，每个输入 B_k（v，t）是在 t 时刻下主题 k 的词项 v 的权重$^{\ominus}$。于是，进化矩

$\ominus$　对所有之前的流的主题，假设新检测到的术语在 ϕ 中的计数在 t 时刻为 0。

阵允许我们跟踪现有主题的趋势性，检测新兴主题，以及可视化一般数据。

因此，OLDA 模型的时间片 t 的生成模型可以概括如下：

1. 对每个主题 $k = 1$，$\cdots$，K：

（a）计算 $\boldsymbol{\beta}_k^{(t)} = \omega \, \widehat{\boldsymbol{\Phi}}_k^{(t-1)}$；

（b）生成一个主题 $\boldsymbol{\Phi}_k^{(t)} \sim Dirichlet$（$\cdot \mid \boldsymbol{\beta}_k^{(t)}$）。

2. 对每个文档，$d = 1$，$\cdots$，$D^{(t)}$：

（a）绘制 $\boldsymbol{\Theta}_d^{(t)} \sim Dirichlet$（$\cdot \mid \boldsymbol{\alpha}^{(t)}$）；

（b）对每个在文档 d 中的词标签 w_{di}：

ⅰ. 从多项式 $\boldsymbol{\Theta}_d^{(t)}$ 中绘制 $z_i^{(t)}$，p（$z_i^{(t)} \mid \alpha_d^{(t)}$）；

ⅱ. 从多项式 $\boldsymbol{\Phi}_{z_i}^{(t)}$ 中绘制 $w_{di}^{(t)}$，p（$w_{di}^{(t)} \mid z_i^{(t)}, \beta_{z_i}^{(t)}$）。

保持模型的狄利克雷先验是使用狄利克雷共轭性和多项分布简化推理问题所必不可少的。事实上，通过将追踪历史作为先验模式，数据似然和 LDA 的后验推断将会变得相同。因此，在 OLDA 中实现式（10.2）中的 Gibbs 抽样是顺理成章的。在线方法的最大不同在于，它只针对当前的文本流进行抽样。这使得 OLDA 的时间复杂度和内存使用变得有效且实用。此外，OLDA 中的 β 是从历史观察中构造的，而不是固定的数值。

10.3.4　算例分析

LDA 和 OLDA 模型可以通过已知主题模型中所生成的人工数据来阐述，并可以通过应用主题模型来检测由这些数据是否可以推断出原来的生成结构。为了阐述 LDA 模型，我们从三个等价的主题分布中产生了六个文档集。表 10.1 中显示了数据的字典和主题分布。

表 10.1　模拟数据的主题分布。每一列表示基于字典的主题的多项分布

主题	k_1 33%	k_2 34%	k_3 33%
字典↓	$p(w_i \mid k_1)$	$p(w_i \mid k_2)$	$p(w_i \mid k_3)$
river	0.37	0	0
stream	0.41	0	0
bank	0.22	0.28	0
money	0	0.3	0.07
loan	0	0.2	0
debt	0	0.12	0
factory	0	0	0.33
product	0	0	0.25
labor	0	0	0.25
news	0.05	0.05	0.05
reporter	0.05	0.05	0.05

每个数据集生成了 16 个含有 16 个词标签的文档。在随机生成词标签分布向量 z 之后，LDA 要基于文档训练，并且组件的数量 K 要等于真实组件的数量，比如设置 K 为 3。表 10.2 给出了经过 50 次 Gibbs 迭代抽样之后，LDA 的词-主题相关数量均超过了六个文档集。从中可以看出，LDA 模型可以正确地估计出每个主题的密度。

表 10.2 当 $K=3$ 时，通过 LDA 从静态模拟数据中发现的主题的频率分布

主题	T_1 29.8%	T_2 35.5%	T_3 34.7%
字典	$f(w_i \mid T_1)$	$f(w_i \mid T_2)$	$f(w_i \mid T_3)$
river	0	0	78
stream	0	0	93
bank	0	56	71
money	0	103	0
loan	0	56	0
debt	0	28	0
factory	85	0	0
production	73	0	0
labor	61	0	0
news	3	19	15
reporter	10	15	14

表 10.3 三个文本流中动态模拟数据的主题分布。记号（—）表明相应的词或主题还未出现

文本流	$t=1$			$t=2$			$t=3$		
主题	k_1 40%	k_2 60%	k_3 0%	k_1 40%	k_2 50%	k_3 10%	k_1 30%	k_2 40%	k_3 30%
字典↓		$p(w_i \mid k_j)$			$p(w_i \mid k_j)$			$p(w_i \mid k_j)$	
river	0.2	0	—	0.4	0	0	0.37	0	0
stream	0.4	0	—	0.2	0	0	0.41	0	0
bank	0.3	0.35	—	0.25	0.36	0.1	0.22	0.28	0
money	0	0.3	—	0	0.24	0	0	0.3	0.07
loan	0	0.25	—	0.05	0.22	0.1	0	0.2	0.1
debt	—	—	—	0	0.08	0	0	0.12	0
factory	—	—	—	0	0	0.37	0	0	0.33
product	—	—	—	0	0	0.33	0	0	0.25
labor	—	—	—	0	0	0	0	0	0.25
news	0.05	0.05	—	0.05	0.05	0.05	0.05	0.05	0.05
reporter	0.05	0.05	—	0.05	0.05	0.05	0.05	0.05	0.05

假定同样的字典，从主题的进化描述中生成的三个文档流均可以证明 OLDA 模型。表 10.3 中展示了在三个时间点上的主题分布。主题 3 在第二个时间点时是一

个新的主题。除了由主题3引入的新的词项，一些词项比如 debt 和 labor 都慢慢地出现了。主题的权重也在文本流之间变化。OLDA 主题模型是由相应文档训练的，文档的每个文本流取 K 值为5。在每个时间点，OLDA 只在当前生成文档上训练。表10.4列出了进化仿真数据的每个主题中的最重要的词，这些进化仿真数据是由 OLDA 在每个时间点上将 K 取值为5时发现的。在进行50次 Gibbs 抽样迭代之后，OLDA 收敛到对齐的主题模型，其具有真正的主题密度和演化。

表 10.4　由 OLDA 从动态模拟数据中发现的主题

	$t = 1$		$t = 2$		$t = 3$
ID	主题分布	ID	主题分布	ID	主题分布
1	news reporter	1	news reporter	1	reporter news
2	bank	2	bank	2	bank
3	money loan	3	money loan debt	3	money loan debt
4	stream river	4	river stream	4	river stream
5	bank news	5	bank factory production	5	production factory labor

另一个发现源于对组件的数量 K 的设置。当 K 被设置为真正的主题数量时，主题分布包括了一些除了语义描述词之外的常见词汇，例如，在表10.2的主题 T_1、T_2 和 T_3 中出现的词汇 *news* 和 *reporter*。当 K 增加到5的时候，随着常见词汇映射到单个主题，主题将会变得更加集中（见表10.3中的主题1和主题2）。

10.4　在维基百科中嵌入外部语义

本节将通过提高模型参数的生成过程来研究文档源中嵌入语义的作用。这种人工定义的概念数据库就是语义自然源，它可以提供从隐藏主题结构的数据中提取到的有用知识。我们使用维基百科［Wikipedia（2009）］来对外部知识进行建模，维基百科被认为是当前资源最丰富的网上百科全书，它包含了大量的分类和一致的结构化文档。在对相关的维基百科概念进行识别后，LDA 被用来学习相应的维基百科文章中所讨论过的主题模型。学习到的主题代表先验可用的知识，将被嵌入到推理过程中的 LDA 模型中以提升文本数据中发现的主题，这在下面将称作测试文档。

10.4.1　相关维基百科文章

在这个步骤中，每篇维基百科文章都以其名称来表示，并且被认为是一个单独的概念。由于维基百科中包含了大量各种各样的概念和域，所以使用最相关的文章来测试文档以确保语义的相关性对提高推理的模型来说非常重要。相关的维基百科文章被定义为在预设数量的测试文档 ρ 中提到的所有的维基百科概念。这是通过在测试文档中搜索维基百科文章的标题而得到的。该阈值 ρ 被用来控制需要检索的维基百科文章 $\mathcal{D}$ 的数量，因此，生成模型允许包含一些噪声。

10.4.2　维基百科影响的主题模型

在对维基百科的相关概念进行识别之后，LDA 用来学习相关维基百科文章中讨论过的主题。LDA 主要学习两个维基百科分布，它们分别是主题-词分布 ϕ 和主题-文档分布 θ，描述如下：

$$\phi_{ik} = \frac{C_{w_i,k}^{WK} + \beta_i}{\sum\limits_{v=1}^{W} C_{v,k}^{WK} + \beta_v}, \theta_{mk} = \frac{C_{m,k}^{DK} + \alpha_k}{\sum\limits_{j=1}^{K} C_{m,j}^{DK} + \alpha_j} \tag{10.6}$$

其中，m 是维基百科中文章的索引；在相关的维基百科中，$C_{i,k}^{WK}$ 指的是词项 i 被分配到主题 k 的次数；$C_{m,k}^{DK}$ 是主题 k 被分配到维基百科的文章 m 中的词项标签的次数。

使用测试文档的先验分布 ϕ 和 θ 可以更新到后验知识。尤其是主题-词项分布 ϕ 可以被更新到新的 $\hat{\phi}$，并且重新学习测试文档可以更新主题-文档分布 $\hat{\theta}$：

$$\hat{\phi}_{ik} = \frac{C_{w_i,k}^{WK} + \bar{C}_{w_i,k}^{WK} + \beta_i}{\sum\limits_{v=1}^{V} C_{v,k}^{WK} + \bar{C}_{v,k}^{WK} + \beta_v}, \hat{\theta}_{dk} = \frac{\bar{C}_{d,k}^{DK} + \alpha_k}{\sum\limits_{j=1}^{K} \bar{C}_{d,j}^{DK} + \alpha_j} \tag{10.7}$$

其中，d 是测试文档的索引；$\bar{C}_{v,k}^{WK}$ 是词项 v 被分配到主题 k 的次数；$\bar{C}_{d,k}^{DK}$ 是主题 k 被分配到文档 d 的某个词项的次数。因此，维基百科的主题模型会影响测试文档的生成过程。

10.5 数据驱动语义的嵌入

在一个特定时间内观测到的主题，很有可能会在未来以词项的类似分布出现。与大众化的数据挖掘技术不同，这种假设在文本挖掘领域不重要，这已被广泛地认同。例如，考虑到文档和文档中的词是统计依赖关系。一旦一个词在文档中出现，它很有可能会出现第二次。因此，类似的蕴含可以按照基于时间的主题分布来完成。尽管它们具有自然的变化趋势，任一领域的潜在主题一般都是一致的。因此，合并潜在语义的先验知识将最终提高未来主题的识别和描述。在本节中，我们将探究在 OLDA 主题模型的框架下，已发现的主题在文本流推断未来语义过程中的作用。AlSumait 等人（2009）提出了一种详细的方法。

OLDA 被扩展用来在三个主要方向上嵌入语义。首先，取代基于最新估计模型的生成主题参数，在参数生成过程中，设置历史窗口以便混合更多的模型。然后，在推断过程中，语义历史的贡献是由每个时间点所分配的不同权重决定的。最后，给定式（10.5）中的主题进化矩阵，我们可以通过从处在历史窗口中的所有模型中提取出的语义的加权线性组合来生成相应的先验。这三个因素将在下面一节中详细介绍。

10.5.1 数据驱动语义嵌入的生成过程

为了能够包含历史数据中推断出的语义，在构建当前先验时，拟定的方法会考虑滑动历史窗口 δ 中学习到的所有的主题-词项分布。结果是，无论历史数据片段是长的、短的或者是适中的，OLDA 均可以提供可供选择的办法。

给定历史窗口的大小为 c（$1 < c \leqslant t$），先验构建的模型权重由定义进化向量的调优参数 ω 确定，而不是式（10.4）中的单一参数。进化调优向量可以用来控制单一模型的权重，也可以控制关于新语义的历史总权重。设置主要是基于数据的同构性和领域中的进化比率。

对主题评价历史的总体影响是重要的因素，它可以影响数据的语义描述。例如，一些文本仓库，就像致力于介绍新颖想法的科学文献，结果相对于其他数据库，主题分布的变化就会更快一些。另一方面，新闻源中的大部分新闻，像体育、股市和天气都是相对稳定的。所以，对这些一致性的主题结构，相比于当前的观察，分配一个较高的历史信息权重可提高主题预测，然而在进化较快的数据集中情况就要相反了。

通过调整历史信息的总权重即 $\sum_{c=1}^{\delta} \omega_c$，OLDA 模型为在推断过程中部署和调优历史信息的影响提供了一个直接的方式。如果总的历史权重等于 1，则将（相对来说）平衡历史和当前的观测的权重。当历史总权重小于（大于）1 时，历史语义的影响将小于（大于）当前文本流的语义。

因此，给定滑动窗口 δ，历史权重向量 $\boldsymbol{\omega}$ 和主题进化矩阵 k $\boldsymbol{B}_k^{(t)}$，如式（10.5）所定义的那样，t 时刻主题 k 的参数可以由主题的历史分布的加权混合决定：

$$\boldsymbol{\beta}_k^{(t)} = \boldsymbol{B}_k^{(t-1)} \boldsymbol{\omega} \tag{10.8}$$

$$= \widehat{\boldsymbol{\Phi}}_k^{(t-\delta)} \omega_1 + \cdots + \widehat{\boldsymbol{\Phi}}_k^{(t-2)} \omega_{\delta-1} + \widehat{\boldsymbol{\Phi}}_k^{(t-1)} \omega_{\delta} \tag{10.9}$$

若已知式（10.8）中的等式，则每个发生在 t 时刻的基于词项的主题分布 $\boldsymbol{\Phi}_k^{(t)}$，可由如下主题进化矩阵控制的狄利克雷分布得到：

$$\boldsymbol{\Phi}_k^{(t)} \mid \boldsymbol{\beta}_k^{(t)} \sim Dirichlet(\boldsymbol{\beta}_k^{(t)})$$

$$\sim Dirichlet(\boldsymbol{B}_k^{(t-1)} \boldsymbol{\omega}) \tag{10.10}$$

通过更新如上所描述的先验，当所有历史知识的模式固化成先验，而不是图形模型本身的结构时，模型的结构就能够保持简单有效。此外，新文本流的学习过程是从现在已经学习过的地方开始，而不是从与潜在分布无关的任意主观设置开始的。

10.5.2 嵌入数据驱动语义的 OLDA 算法

我们在算法 8 中详细描述了嵌入数据驱动语义的 OLDA 算法。在时间片 1 时，除了文本流 $S^{(t)}$，算法还要把滑动历史窗口大小 δ，加权向量 $\boldsymbol{\omega}$，固定的狄利克雷值 a 和 b，以及初始化先验 α 和 β 分别作为输入，需要指出的是，b 同样用来设置在任意时间片首次出现的新词汇的先验。算法的输出则是生成模型和所有主题的进化矩阵 $\boldsymbol{B}_k$。

算法 8——嵌入语义的 OLDA 算法

1：INPUT：b；a；δ；ω；Δ；$S^{(t)}$，$t = \{1, 2, 3, \cdots\}$

2：$t = 1$

3：**loop**

4：　新的文本流 $S^{(t)}$ 在延迟了一段时间 Δ 后才被接收

5：　**If** $t = 1$ **then**

6：　　$\boldsymbol{\beta}_k^{(t)} = b$，$k \in \{1, \cdots, K\}$

7：　**else**

8：　　$\boldsymbol{\beta}_k^{(t)} = \boldsymbol{B}_k^{t-1} \boldsymbol{\omega}$，$k \in \{1, \cdots, K\}$

9：　**end if**

10：$\boldsymbol{\alpha}_d^{(t)} = a$，$d = 1, \cdots, D^{(t)}$

11：将 $\Phi^{(t)}$ 和 $\theta^{(t)}$ 初始化为零

12：对于 $S^{(t)}$ 中的所有词项标签，随机地初始化主题的分配 $z^{(t)}$

13：$[\Phi^{(t)}, \Theta^{(t)}, z^{(t)}] = \text{GibbsSampling}\,(S^{(t)}, \boldsymbol{\beta}^{(t)}, \boldsymbol{\alpha}^{(t)})$

14：**If** $t < \delta$ **then**

15：　$\boldsymbol{B}_k^t = \boldsymbol{B}_k^{t-1} \cup \widehat{\Phi}_k^{(t)}$，$k \in \{1, \cdots, K\}$

16：**else**

17：　$\boldsymbol{B}_k^t = \boldsymbol{B}_k^{(t-1)}\,(1: W^{(t)}, 2: \delta) \cup \widehat{\Phi}_k^{(t)}$，$k \in \{1, \cdots, K\}$

18：**end if**

19：**end loop**

10.5.3　实验设计

我们会在文档建模问题的领域中对嵌入语义的 LDA 进行评估。困惑度（Perplexity）是语言建模中使用的一个的度量标准，它可以用来评价之前未训练文档模型的生成效果。低的困惑度意味着好的生成效果，可形成对密度的更好估计。对于含有 M 个文档的测试集，困惑度可形式化定义如下 [Blei 等人（2003）]：

$$perplexity(D_{test}) = \exp\left\{ - \frac{\sum_{d=1}^{M} \log p(\boldsymbol{W}_d)}{\sum_{d=1}^{M} N_d} \right\} \tag{10.11}$$

在测试嵌入历史语义的 OLDA 时，我们使用了不同的参数配置，所用的模型和它们的参数设置总结在表 10.5 中，窗口大小 δ 在 0 到 5 之间取值。历史窗口大小为 0 的 OLDA 模型忽略了历史数据，并通过一个固定均衡的狄利克雷先验来处理文本流。在这个模型下，只有当前文本流的语义才能影响评估。这个模型叫作 OLDAFixed，而且 $\delta = 1$ 的 OLDA 模型被认为是其他被比较模型的基准线。为了计算每个时间间隔的困惑度，下一个文本流中的文档被用作当前生成模型的测试集。

表 10.5 OLDA 模型的名称和参数设置（＊代表数据应用了模型）

Reuters	NIPS	模 型 名 称	δ	ω
＊	＊	OLDAFixed	0	NA（$\beta = 0.05$）
＊	＊	$1/\omega$ (1)	1	1
＊	＊	$2/\omega$ (1)	2	1, 1
＊		$2/\omega$ (0.8)	2	0.2, 0.8
＊	＊	$2/\omega$ (0.7)	2	0.3, 0.7
＊	＊	$2/\omega$ (0.6)	2	0.4, 0.6
＊	＊	$2/\omega$ (0.5)	2	0.5, 0.5
＊	＊	$3/\omega$ (1)	3	1, 1, 1
＊	＊	$3/\omega$ (0.8)	3	0.05, 0.15, 0.8
＊	＊	$3/\omega$ (0.7)	3	0.1, 0.2, 0.7
＊		$3/\omega$ (0.6)	3	0.15, 0.25, 0.6
＊	＊	$3/\omega$ (0.33)	3	0.33, 0.33, 0.34
＊	＊	$4/\omega$ (1)	4	1, 1, 1, 1
	＊	$4/\omega$ (0.9)	4	0.01, 0.03, 0.06, 0.9
	＊	$4/\omega$ (0.8)	4	0.03, 0.07, 0.1, 0.8
＊	＊	$4/\omega$ (0.7)	4	0.05, 0.1, 0.15, 0.7
＊		$4/\omega$ (0.6)	4	0.05, 0.15, 0.2, 0.6
	＊	$4/\omega$ (0.25)	4	0.25, 0.25, 0.25, 0.25
	＊	$5/\omega$ (1)	5	1, 1, 1, 1, 1
	＊	$5/\omega$ (0.7)	5	0.05, 0.05, 0.1, 0.15, 0.7
	＊	$5/\omega$ (0.6)	5	0.05, 0.1, 0.15, 0.2, 0.6
＊	＊	$5/\omega$ (0.2)	5	0.2, 0.2, 0.2, 0.2, 0.2

所有的模型都被迭代了 500 次，并且 Gibbs 抽样的最后一个样本被用来评估。所有的文本流的主题数量都被定义为 K。K、a 和 b 的值都分别被设置成 50、$50/K$ 和 0.01。所有的实验都运行在配备 2 GHz Pentium M 处理器的便携式计算机上，使用的是 MATLAB 的主题建模工具箱（可参考 http：//psiexp. ss. uci. edu/research/programs data/toolbox. htm），这些实验程序是由 Mark Steyvers 和 Tom Griffiths 编写的。在我们的实验中，嵌入历史语义的 OLDA 模型中所使用的两个数据集的描述如下：

Reuters-21578 数据集（可参考 http://archive. ics. uci. edu/ml/）。语料库由通讯社文章组成，通过主题进行分类并按照发布日期排序。共有 90 个类别，每个类别中都含有分类到不同主题的文章。对我们的实验来说，只有包含至少 1 个主题的文章才会处理。对数据处理过程来说，当现存的词汇是小规模的并且继承于其源文档时，停用词会被移除。最后的数据集包含 10 337 个文档，12 112 个特有词汇，以及总共 793 936 个词标签。为了简单起见，我们将数据分成了 30 片，并将每一片作为一个文本流。

　　NIPS 数据集（可参考 http://nips.djvuzone.org/txt.html）。NIPS 数据集包括神经信息处理系统（Neural Information Processing Systems，NIPS）会议从 1988 年到 2000 年 13 年间的所有文档。数据预处理包括减小规模、移除停用词和数量词，以及移除在语料库中出现不超过 5 次的词汇。数据集包括 1740 篇研究论文，13 649 个特有词汇和总共 2 301 375 个词标签。按照出版年份，该数据集被分成了 13 个文本流。

10.5.4　实验结果

　　受维基百科影响的 LDA 运行在 Reuters 数据库的 9 个子集中，相当于前 9 个文本流。模型的困惑度可以通过连续的文本流作为测试集来计算。图 10.3 显示了受维基百科影响的 LDA 的困惑度与仅使用 Reuters 文档进行训练的相应模型之间的比较。从中可以看出，在进行比较的这 9 个模型中，含有维基百科文章的 LDA 的困惑度在五个模型中都较低。我们认为含有维基百科文章的 LDA 在一些情况下困惑度较高是因为，无结构的数据分类方法并不能保证它就能代表每个文本流的所有分类。因此，在测试集中，属于新的类型的文档都将增加困惑度。然而，当这个因素被中和后，包含来自维基百科的外部知识确实能提高效果。

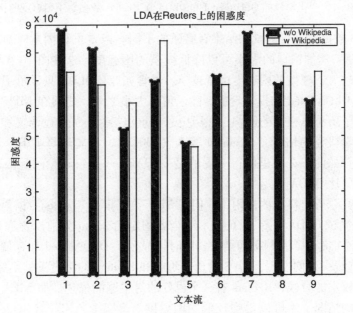

图 10.3　包含或不包含维基百科文章的 OLDA 在 Reuters 数据集中的困惑度

　　为了测试嵌入数据驱动语义，OLDA 被首先运行在了 Reuters 数据集中。通过增加窗口的大小 δ，我们发现 OLDA 结果的困惑度比基准线的困惑度要低。图 10.4

中展示了在设置不同窗口大小 δ，以及将加权向量 ω 固定为 $1/\delta$ 的情况下，Reuters 的每个数据流的 OLDA 和 OLDAFixed 的困惑度。图中明确显示了嵌入语义提高了文档模型的效果。此外，对于包含更多模型的语义，如果窗口大小的参数值大于 1，则对于 OLDA 的较小存储（当 $\delta = 1$），可以更进一步提高困惑度。

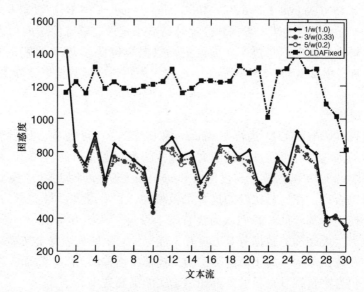

图 10.4　变化窗口的 OLDAFixed 和 OLDA 在 Reuters 数据集中困惑度的比较

对 NIPS 数据集进行测试的结果有略微的不同。当 ω 的值固定时，相对于较小存储的 OLDA，增加窗口的大小可以降低模型的困惑度，这在图 10.5 中有详细的解释。窗口越大，模型的困惑度也就越小。尽管如此，OLDA 只显示了当窗口大小大于 3 时的 OLDAFixed 的提高现象。除了窗口大小之外，之前在 NIPS 数据集上的实验都暗示了历史总权重的影响，该历史总权重包括对不同主题语义和快速进化领域，比如科学研究的估计［AlSumait 等人（2008）］，实验解释了下一步提供理由的证据。尽管如此，在这里值得一提的是 OLDAFixed 在自动检测和跟踪潜在主题的能力上都要比 OLDA 模型强。

为了研究总历史权重的作用，我们在 NIPS 数据集和 Reuters 数据集上设置了不同的 ω 值来测试 OLDA。图 10.6 显示了当 δ 固定为 2，ω 分别设置为 0.05，0.1，0.15，0.2 和 1 时 OLDA 的平均结果，同时还显示了 OLDAFixed 和存储较小的 OLDA 的两种基线。我们发现，NIPS 的历史贡献和 Reuters 的历史贡献是完全相反的。当增加历史权重的时候，Reuters 有一个更好的对主题的描述，而 NIPS 只有在降低了历史权重的情况下才可以得到较低的困惑度。事实上，NIPS（Reuters）的历史权重和困惑度是负（正）相关的。

Reuters 需要的时间较短，而 NIPS 则是以年为基础的。结果就是，Reuters 的主题是异构的，更加稳定。所以，增加过去主题结构对生成模型的影响将最终得到对

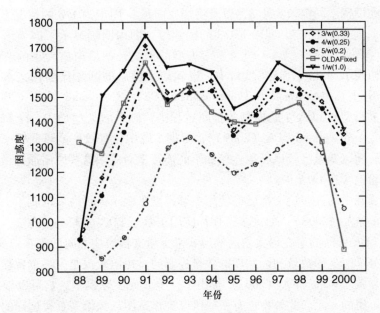

图 10.5 变化窗口的 OLDAFixed 和 OLDA 在 NIPS 数据集中困惑度的比较

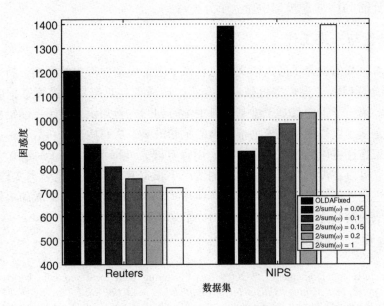

图 10.6 在历史贡献权重不同的情况下，OLDA 在 Reuters 数据集和 NIPS
数据集中与固定 β 的 OLDA 的平均困惑度的比较

数据更好的描述。另一方面，NIPS 有一组预定义的出版领域，像算法、应用程序
和视觉处理，这些主题是非常广泛和相互关联的。此外，研究论文经常会涵盖更多
的主题，而且还会不断介绍新的方法和主题。因此，之前语义的影响应该不会超过

165

现在的主题结构。

10.6　相关工作

在文档表示和（或）距离度量中，嵌入语义信息的问题已经在文本分类和聚类领域研究过了［AlSumait 和 Domeniconi（2008），Cristianini 等人（2002）］。然而，在生成模型和 LDA 主题模型的推断过程中，嵌入语义却是一个全新的研究领域。目前［Andrzejewski 等人（2009）］，根据主题中含有较高或较低概率的词组的原语形式，领域知识已经以必须连接和不能连接来对应。这些原语通过最大的狄利克雷树先验包含在 LDA 中。

文学领域中的许多论文都已经使用主题模型来表示某种嵌入语义了。文本分割领域［Sun 等人（2008）］的许多工作都应用了基于 LDA 的 Fisher 内核，这个内核通过使用 LDA 推断的潜在语义主题的形式来衡量文档模块之间的潜在语义相似度，内核是由分享语义的数量和词共现的数量控制的。短语发现是另一个旨在文本中识别短语的领域。Wang 等人（2007）提出了一个 n 元主题模型，它可以根据上下文自动识别可用的 n 元。此外，也有一些研究工作试图从像维基百科这样的大型通用数据集中吸收先验知识。Phan 等人（2008）还在一个标记文档的小集合和在维基百科中估计的 LDA 主题模型中建立了分类器。

10.7　结论与未来工作

在本章，我们研究了嵌入语义信息在概率主题模型框架中的影响。特别地，静态的和在线的 LDA 主题模型也被首次介绍，这两个方向都是在推理过程嵌入语义时定义的。第一个方向是基于维基百科中学习到的先验知识更新了主题结构。第二个方向则是基于以往的生成模型推断出的主题语义，从而构造了参数。

这项工作还可以延伸到许多方向。用含有嵌入外部语义的 LDA 建立无监督的分类器，它可以在没有标记训练文档的情况下根据其内容有效地分类文档。此外，通过使用进化外部知识，它还可以延伸到在线文本流的工作中。嵌入历史语义在检测新兴的或周期的主题方面的效果也构成了未来研究的主方向。

参考文献

AlSumait L and Domeniconi C 2008 Text clustering with local semantic kernels. In *Survey of Text Mining: Clustering, Classification, and Retrieval* (ed. Berry M and Castellanos M) 2nd ed　Springer.

AlSumait L, Barbará D and Domeniconi C 2008 Online LDA: Adaptive topic model for mining text streams with application on topic detection and tracking. *Proceedings of the IEEE International Conference on Data Mining*.

AlSumait L, Barbará D and Domeniconi C 2009 The role of semantic history on online generative topic modeling. *Proceedings of the Workshop on Text Mining, held in conjunction with the SIAM International Conference on Data Mining*.

Andrzejewski D, Zhu X and Craven M 2009 Incorporating domain knowledge into topic modeling via Dirichlet forest priors *Proceedings of the International Conference on Machine Learning*.

Blei D, Ng A and Jordan M 2003 Latent Dirichlet allocation. *Journal of Machine Learning Research* **3**, 993–1022.

Cristianini N, Shawe-Taylor J and Lodhi H 2002 Latent semantic kernels. *Journal of Intelligent Information Systems* **18**(2–3), 127–152.

Deerwester S, Dumais S, Furnas G, Landauer T and Harshman R 1990 Indexing by latent semantic analysis. *Journal of the American Society for Information Science* **41**(6), 391–407.

Griffiths T and Steyvers M 2004 Finding scientific topics. *Proceedings of the National Academy of Sciences*, pp. 5228–5235.

Heinrich G 2005 *Parameter Estimation for Text Analysis*. Springer.

Hofmann T 1999 Probabilistic latent semantic indexing. *Proceedings of the 15th Conference on Uncertainty in Artificial Intelligence*.

Mimno D and McCallum A 2007 Organizing the OCA: Learning faceted subjects from a library of digital books. *Proceedings of the Joint Conference on Digital Libraries*.

Minka T and Lafferty J 2002 Expectation-propagation for the generative aspect model. *Proceedings of the 18th Conference on Uncertainty in Artificial Intelligence*.

Papadimitriou C, Tamaki H, Raghavan P and Vempala S 2000 Latent semantic indexing: A probabilistic analysis. *Journal of Computer and System Sciences* **61**(2), 217–235.

Phan X, Nguyen L and Horiguchi S 2008 Learning to classify short and sparse text and web with hidden topics from large-scale data collections. *International WWW Conference Committee*.

Salton G 1983 *Introduction to Modern Information Retrieval*. McGraw-Hill.

Steyvers M and Griffiths T 2005 Probabilistic topic models. In *Latent Semantic Analysis: A Road to Meaning* (ed. Landauer T, McNamara D, Dennis S and Kintsch W) Lawrence Erlbaum Associates.

Story R 1996 An explanation of the effectiveness of latent semantic indexing by means of a Bayesian regression model. *Information Processing and Management* **32**(3), 329–344.

Sun Q, Li R, Luo D and Wu X 2008 Text segmentation with LDA-based Fisher kernels. *Proceedings of the Association for Computational Linguistics*.

Wang X, McCallum A and Wei X 2007 Topical n-grams: Phrase and topic discovery, with an application to information retrieval. *Proceedings of the 7th IEEE International Conference on Data Mining*.

Wei X and Croft B 2006 LDA-based document models for ad-hoc retrieval. *Proceedings of the Conference on Research and Development in Information Retrieval*.

White C 2005 Consolidating, accessing and analyzing unstructured data.

Wikipedia 2009 Wikipedia: The free encyclopedia.